仮想化環境の構築から運用まで
Proxmox VE 実践ガイド

日本仮想化技術株式会社
水野 源 | 大内 明

日経BP

はじめに

現在、仮想化技術はITインフラを支えるために、必要不可欠なものとなっています。エンタープライズ向けの大規模なシステムはもとより、企業内の小規模な開発環境や、それこそ個人向けのデスクトップPCであっても、「ホストと異なる環境を動かしたい」「複数の環境を集約したい」といった目的で、仮想化技術は利用されています。

対話的に操作するデスクトップ仮想化の分野においては、無料で利用できるオープンソースソフトウェアの「Oracle VirtualBox」が人気です。ですがVirtualBoxは、OS上で動作するアプリケーションです。人間が対話的に操作する必要がないサーバーや、開発環境を集約するための仮想化基盤を考えると、ホストOSが不要で、ハードウェアに直接インストールできる「ハイパーバイザー型」の仮想化ソリューションが求められるケースが多いでしょう。そしてこの分野では、VMware社が無料で提供していた「VMware ESXi」が、ホビーユーザーや小規模な開発環境向けの定番とされていました。

しかし、VMware社がBroadcom社に買収されてライセンス関連の見直しが行われた結果、2024年になって、VMware ESXiの無償提供は終了しました。これを受け、別の仮想化プラットフォームを探している人は多いのではないでしょうか。2024年現在（執筆時点）、Webを検索すると、そうした話題が多く見つかります。

Proxmox Virtual Environment（Proxmox VE、PVE）は、Debian GNU/LinuxとLinux KVMをベースとした、オープンソースソフトウェアの仮想化プラットフォームです。Webインターフェイスを備えており、KVMベースの仮想マシン、LXCコンテナ、ネットワーク、ストレージを簡単に管理することができます。クラスタリング機能を備えており、手軽に高可用性を実現できます。またライブマイグレーションをはじめとする高度な機能を利用することも可能です。

本書では主に、自宅内で複数の仮想サーバーを運用するホビーユーザーや、手軽に使える小〜中規模な開発環境を探している人を対象に、Proxmox VEの機能や使い方を解説します。

2025年1月

日本仮想化技術株式会社

水野 源

昨今のサーバー仮想化技術に関する製品の状況や、Proxmox VEについては、水野が既に触れている通りですが、筆者も自宅では10年以上VMware ESXiで仮想化環境を運用しており、現役です。用途は検証環境であったり、本番のWebサーバーであったり、外出先から自宅環境にアクセスするためのVPNサーバーであったりと様々です。

1年ほど前に代替を探し求めて、Proxmox VEや他のオープンソースソフトウェアの製品を使用してみた結果を個人のブログに書いたところ、多くの人に参照されている人気の記事となり、多くのVMware ESXiユーザーが代替を探している様子が伺えます。

仮想化の老舗ともいえるVMware社の製品とProxmox VEとで比較をすると、Webインターフェイスの充実度や、細かな挙動・仕様等において、Proxmox VEに不満を感じる部分もそれなりにあります。しかしVMware社以外の製品同士を比較してみると、バックアップ（第8章）やクラスタリング（第9章）など、運用上付随して必要となる機能も一通り備えられたProxmox VEは、完成度が一段高い印象を持ちます。

これから新規にサーバー仮想化環境を構築したい方であれば、Proxmox VEは良い選択肢となるでしょう。また、私のように他社の製品からProxmox VEに移行を検討している方も、直近のバージョンではVMの移行に関する機能が実装された（付録B）ため、有力な候補になり得ると考えられます。

本書が皆様のこれからのサーバー仮想化製品選びの一助となれば幸いです。

2025年1月

日本仮想化技術株式会社

大内 明

本書のサポートサイト

●本書の補足情報や訂正情報などは、次に示すURLにアクセスすると参照できます。

https://nkbp.jp/proxmox2501

免責事項

●本書で紹介しているプログラムおよび操作、URLを含むサイトの情報、各種のサービスなどは、2024年10月の情報に基づいています。その後の仕様変更や機能追加その他の変更により、本書の説明や画面写真と異なっていたり、配布や運営が終了していたりする場合があります。その場合でも、本書記事の内容を新しい情報に更新するなどのサポートはいたしません。

●本書では「Proxmox VE 8.2.7」で動作を検証しています。本書発行後にProxmox VEがアップデートされることにより、紙面通りに動作しなかったり、表示が異なったりする場合があります。あらかじめご了承ください。

●本書に記載している内容によって生じた、いかなる社会的、金銭的な被害が生じた場合でも、日経BPならび著者は一切の責任を負いかねます。あらかじめご了承のうえ、ご自身の責任と判断でご利用ください。

目　次

第1章

Proxmox Virtual Environmentの概要

本書では、オープンソースソフトウェアの仮想化プラットフォームである「Proxmox Virtual Environment」（以下、Proxmox VE、PVE）を解説します。まず最初にProxmox VEの概要として、仮想化プラットフォームが求められる背景やProxmox VEの特徴などを紹介します。

1-1 サーバー仮想化とそのメリット

現代的なITインフラにおいて、必要不可欠な技術の一つが「仮想化」です。これはサーバーやネットワーク、ストレージといったハードウェアをソフトウェア的に再現し、利用可能にする技術の総称です。「仮想」という日本語を聞くと、「本物ではない」「偽物」という印象を受けるかもしれません。「仮想」とは「Virtual」の日本語訳ですが、元々のVirtualという単語には、「実質的な」という意味があります。つまり「仮想的なＸＸ」とは、「事実上本物のＸＸと同じように扱える」というニュアンスを持っています。

本書では、主に仮想化されたサーバー（仮想サーバー、仮想マシン）について扱いますが、これは「従来の物理サーバーとほぼ同じものを、ソフトウェア的に再現したもの」だと考えてください。

さて、そもそもなぜ仮想化を行うのでしょうか。それは仮想化に、次のようなメリットがあるからです。

- ハードウェア利用効率の向上
- 運用効率の向上
- コスト削減

一つずつ解説していきましょう。

まずハードウェア利用効率の向上です。本番運用するサーバーは、セキュリティやメンテナンス効率などの理由から、用途ごとに独立した専用サーバーを設けるのが基本です[*1]。例えばシステムに、アプリケーションを運用するアプリケーションサーバー、そのデータを保存するデータベースサーバー、メールを送信するメールサーバーが必要だとしましょう。すると物理的に3台のハードウェアを調達し、セットアップする必要があります。

ですが一般的に、サーバーがハードウェア性能を、常時限界まで利用しているケースは非常に少ないです[*2]。この例でいえば、アプリケーションサーバーは全体の20%、データベースサーバーが50%、メールサーバーが10%程度のCPUリソースしか消費していないとしましょう。するとアプリケーションサーバーは80%、データベースサーバーは50%、メールサーバーは90%ものCPUリソースを「無駄に遊ばせている」ことになります。

仮想マシンを利用すると、1台の物理マシン上に、複数の仮想的なサーバーを作ることができます。この例の場合、3台のサーバーが消費するCPUリソースを合計しても80%なので、100%

[*1] 開発用の環境では、調達や予算の都合により、1台のサーバーに集約することもあります。
[*2] サーバーの用途にもよります。

以下です。そのため1台の物理マシン上に3台の仮想サーバーを作り、システム一式を集約することができます。仮想マシンの配置を最適化することで、ハードウェアの利用効率を飛躍的に向上させることができるわけです。

図 1-1　物理マシンと仮想マシンのリソース利用効率の違い

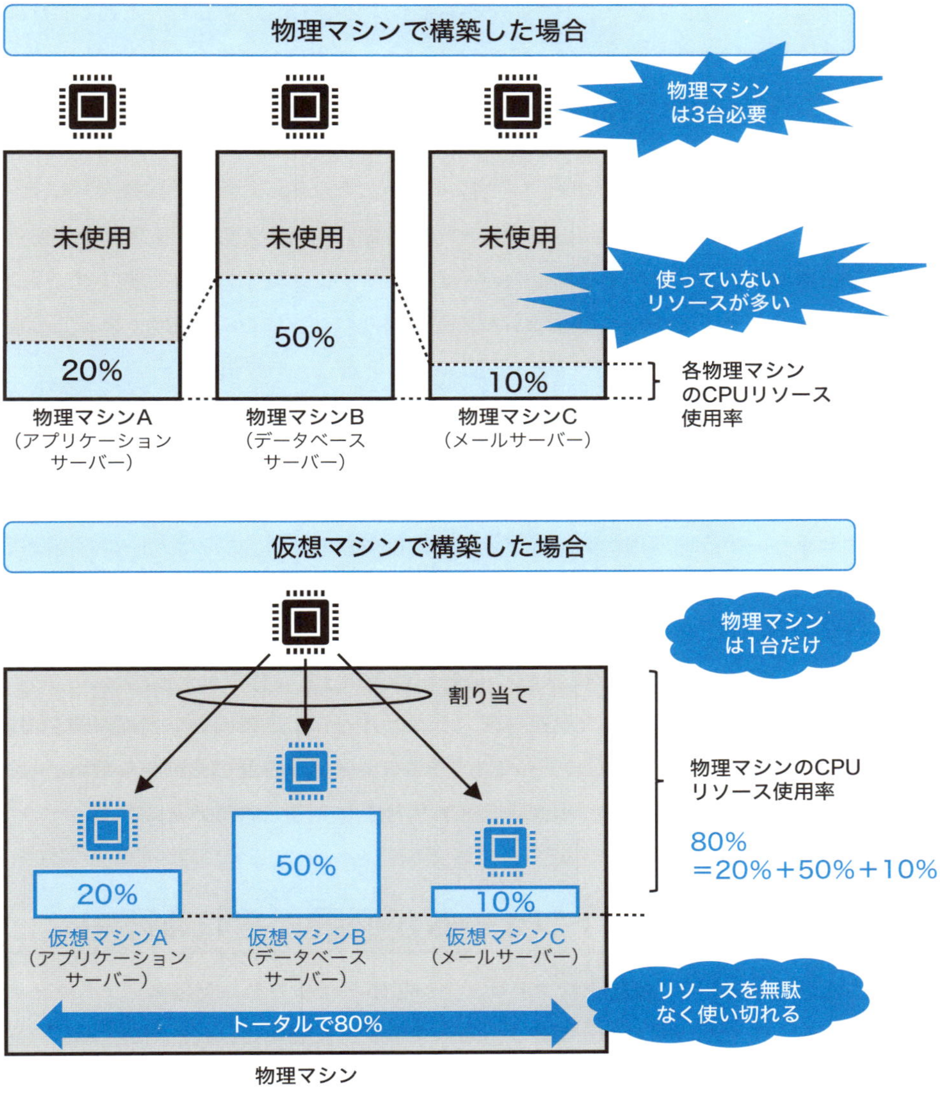

また、仮想マシンに割り当てるCPUやメモリといったリソースは、動的に変更できます。サービスの利用者が増え、特定の仮想マシンの負荷が高まったような際は、従来であればサーバー

を入れ替えるしかありませんでした。ですが仮想マシンであれば、割り当てるリソースを増やすことで、パフォーマンスを維持できます。

次に運用効率の向上です。一般的な仮想化ソフトウェアでは、一つの管理画面から、複数の仮想マシンを一元的に管理できます。これによって複数のサーバーの管理作業を、大幅に簡素化できます。

仮想マシンは、ハードウェアをソフトウェアから操作することができます。従来であれば、新しいサーバーを立ち上げようと思ったら、データセンターに出向いてサーバーをラッキングし、ケーブルをつないでOSをインストールするといった作業が必要でした。ですが仮想マシンであれば、こうした作業をソフトウェアから行うことができます。またプログラミングによって、作業そのものを自動化することも可能です。

さらにはサーバー全体のバックアップやリストア、複製すらも、ソフトウェアを操作するだけで行うことができます。仮想化によってサーバーのメンテナンス効率は大幅に向上するため、1台の物理サーバーを占有するような用途であっても、物理マシンにOSを直接インストールするのではなく、何らかの仮想化ソフトウェアを間に挟むことがよくあります。

最後にコスト削減です。仮想化によってサーバーを集約することで、単純に調達するハードウェアの台数を減らすことができます。これによって費用面でのコスト削減が見込めます。またハードウェアの台数が減るということは、電力消費量を削減することにもつながります。そして仮想化によってサーバーの管理運用にかかる作業を簡素化できるため、これは人件費の削減につながります。

仮想マシンは、現在のITシステムのあらゆる部分で利用されています。例えばクラウドサービスが提供しているサーバーは、そのほとんどが仮想化技術によって作られた仮想マシンです。またこうしたエンタープライズ向けの大規模なシステム以外でも、企業内の小規模な開発環境や、それこそ個人向けのデスクトップPCであっても、「ホストと異なる環境を動かしたい」「複数の環境を集約したい」といった目的で、仮想化技術は積極的に利用されています。

1-2 仮想化プラットフォームが必要とされる理由

仮想マシンを利用するには、仮想化ソフトウェアが必要となります。仮想化ソフトウェアには様々な実装が存在しますが、対話的に操作するデスクトップ仮想化の分野においては、「Oracle VirtualBox」（以下VirtualBox）が人気です。VirtualBoxはWindows/macOS/Linuxに対応した仮想化ソフトウェアで、そのコア部分はオープンソースソフトウェアとして公開されており、無償で利用できます。

図 1-2 「VirtualBox」の管理画面（左）と仮想マシンのデスクトップ画面（右）
仮想マシンには「Ubuntu 24.04 LTS」をインストールしてある。表示されている Ubuntu のデスクトップ画面は、Windows のアプリケーションと同じようにマウスとキーボードでシームレスに操作できる。

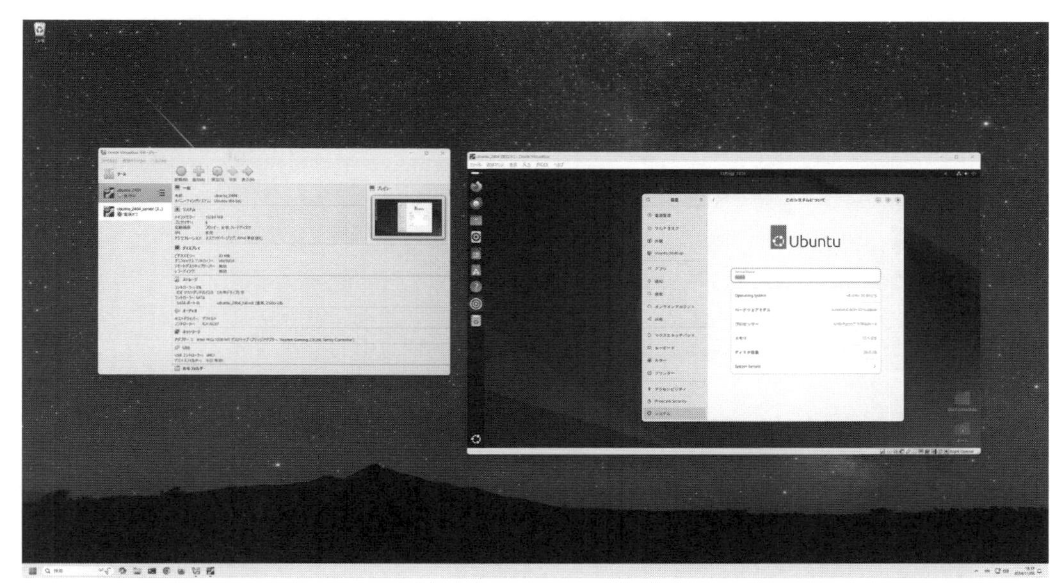

ですがVirtualBoxは、あくまでホストOS上で動作する「アプリケーション」です。人間が対話的に操作する必要がないサーバーや、多数の開発環境を集約するための仮想化基盤として考えると、ホストOSが不要で、より高度な機能が利用できる「ハイパーバイザー型」の仮想化ソリューションが求められるケースが多いでしょう。そしてこの分野では、VMware社が無償で提供していた「VMware ESXi」が、ホビーユースや小規模な開発環境向けの定番とされていました。しかしVMware社がBroadcom社に買収され、ライセンス関連の見直しが行われた結果、2024年になって、VMware ESXiの無償提供は終了してしまいました[3]。

Proxmox VEは、Debian GNU/LinuxとLinux KVMをベースとした、オープンソースソフトウェアの仮想化プラットフォームです。Linux OS上に構築された仮想化アプリケーションではありますが、Webインターフェイスを備えており、VMware ESXiと同様のフィーリングで、KVMベースの仮想マシン、LXCコンテナ、ネットワーク、ストレージを簡単に管理することができます。またProxmox VEはクラスタリング機能を備えており、手軽に高可用性を実現できます。ライブマイグレーションをはじめとする高度な機能も、無償で利用することが可能です。

---

[3]「VMware Workstation Pro」と「VMware fusion」は無償提供している。
https://blogs.vmware.com/cloud-foundation/2024/11/11/vmware-fusion-and-workstation-are-now-free-for-all-users/

図 1-3　Proxmox VE の管理画面
仮想マシンの稼働状況や各種リソースの使用状況などが一覧表示されている。

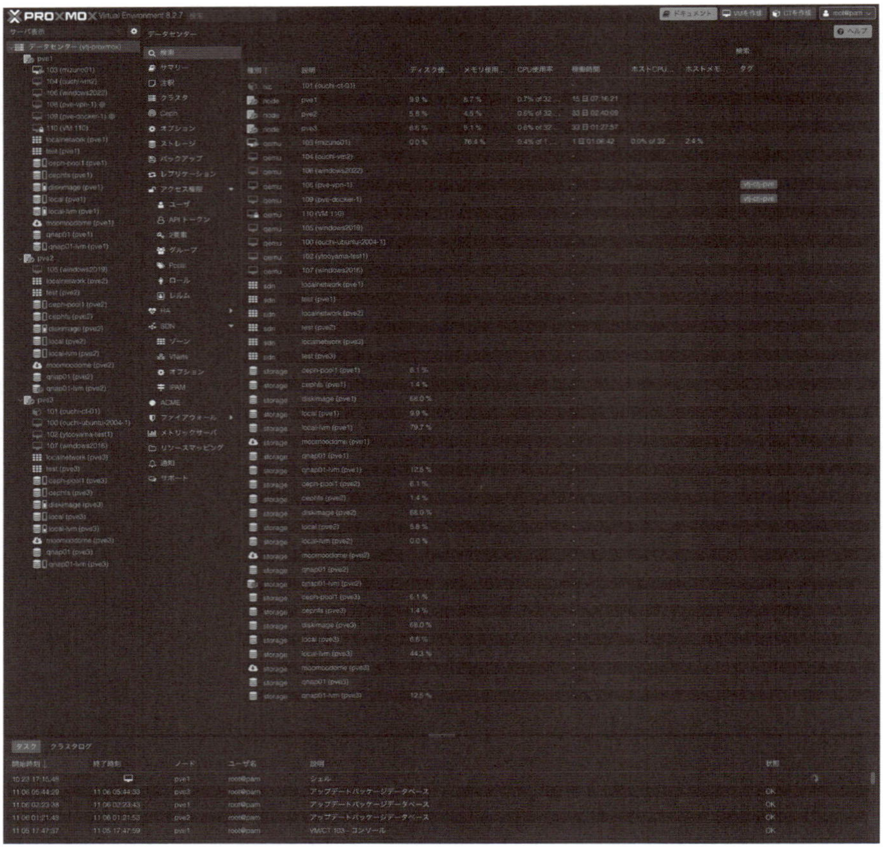

本書では主に、自宅内で複数の仮想サーバーを運用するホビーユーザーや、手軽に使える小規模から中規模までの開発環境を探している企業ユーザーを対象に、Proxmox VEの機能や使い方を解説します。

1-3 Proxmox VE の特徴

ここではProxmox VEの特徴を、簡単に紹介します。より詳しい解説は後の章で行います。また本書で解説しない機能については、公式のドキュメント[*4]を参照してください。

[*4] https://pve.proxmox.com/pve-docs/

Webベースの GUI による管理

Proxmox VEは、Webベースの管理GUIを備えています。仮想マシンはもちろん、Proxmox VE本体の管理も、Webブラウザーから行うことが可能です。Webインターフェイスの使い方については、第2章で詳しく解説します。

ベースOSにDebian GNU/Linuxを採用

Proxmox VEは、ベースOSにDebian GNU/Linuxを採用しています。SSHとコマンドラインインターフェイス（CLI）を完備しているため、SSHで直接ベースOSにログインして、Linuxコマンドを使ってメンテナンスを行うこともできます。一般的なLinuxのCLI環境がそのまま使えるというのは、メンテナンスのしやすさという面でのアドバンテージとなるでしょう。またProxmox VEのインストーラーを使わず、普通にインストールされたDebian GNU/Linuxの環境にパッケージを追加することで、Proxmox VEをセットアップすることも可能です。

KVMベースの仮想マシンとLXCベースのコンテナの併用

Proxmox VEは、LXCによるコンテナを、KVMベースの仮想マシンと同様に管理することができます。LXCはLinuxにおけるコンテナ実行環境の一つですが、広く知られているDockerとは異なり、「システムコンテナ」を動かすことを前提としています。そのため仮想マシンと同じ感覚で、より軽量なLinux環境を動かすことができます。仮想マシンについては第3章、LXCコンテナ（システムコンテナ）については第4章で解説します。

1台のサーバーでも、複数のサーバーでも運用できる

Proxmox VEは、サーバー1台だけで動かすことはもちろん、複数台のサーバーを使ってクラスターを組むこともできます。クラスター構成を組めば、単純に複数のProxmox VEホストを一元管理できるだけでなく、仮想マシンのライブマイグレーションや、High Availability（HA、高可用性）構成を作ることも可能です。クラスターについては第9章で解説します。

複数の認証方式とロールベースのユーザー管理

Proxmox VEは、Linux PAM*5だけでなく、複数の認証方式（認証レルム）に対応しています。また複数のユーザーをグループで管理し、ロールベースで権限を付与できます。そのため個人利用だけでなく、企業などで、複数のユーザーで利用することも可能です。ユーザーとロールについては巻末の付録Aを参照してください。

---

*5 Linux Pluggable Authentication Modulesの略称で、Linux上のアプリケーションに様々な認証方法を提供するライブラリ群のこと。Linuxへログインする際の認証にも利用されています。

第2章

Proxmox VEの インストール

本章では、Proxmox VEのインストール手順を解説します。インストールしたProxmox VEは、Webブラウザーを使ってアクセスし、仮想環境を管理できます。このWebインターフェイスの基本的な機能も解説します。

2-1 Proxmox VEのインストールに必要なシステム要件

Proxmox VEの動作を試すには、最小でも次の要件を満たすハードウェアが必要です。とはいえ2024年現在、市販されているPCやサーバーで、この要件を満たさないものを探す方が難しいでしょう。Proxmox VEは、業務用のサーバー専用機ではなく、家庭で利用されているような一般的なPCでも動かせます。

- CPUの仮想化支援機能（Intel VT/AMD-V）が有効になっているIntel/AMDの64bit CPU
- 1GB以上のメモリ
- 仮想マシンに割り当てるだけのストレージ
- ネットワークインターフェイス（NIC）

本格的に運用するのであれば、次の要件を満たすことが推奨されています。

- CPUの仮想化支援機能（Intel VT/AMD-V）が有効になっているIntel/AMDの64bit CPU
- 2GB（Proxmox VE本体が使用）+仮想マシンに割り当てるだけのメモリ
- ストレージにCephやZFSを使用する場合、おおよそストレージ1TBごとに1GBの追加メモリ
- 高速で冗長性のあるストレージ
- 1Gbps以上のNIC

ただし、本書ではハードウェアの冗長性などは考慮せず、一般的なPCと同等のハードウェアにインストールすることを前提に解説します。このハードウェアのことを、本書では「サーバー」と表記していますが、このハードウェアの中には一般的なPCも含まれます。

2-2 Proxmox VEをインストールする手順

本書の内容を実際に試すには、次の環境を用意してください。

- Proxmox VEをインストールするサーバー
- Proxmox VEを操作するクライアントPC
- インターネットに接続可能なネットワーク

Proxmox VEをインストールする際、インストール先のストレージは初期化されます。そのため OS を初期化しても構わないサーバーを用意してください。Proxmox VEは、Webブラウザーから操作します。そのためクライアントPCはOSの種類を問いません。本書ではmacOSをクライアントPCとして利用します。そして当然ですが、Proxmox VEとクライアントPCは、同じネットワークに接続し、相互に通信可能な状態としておいてください。

図 2-1　LAN 内に構築する Proxmox VE の構成図

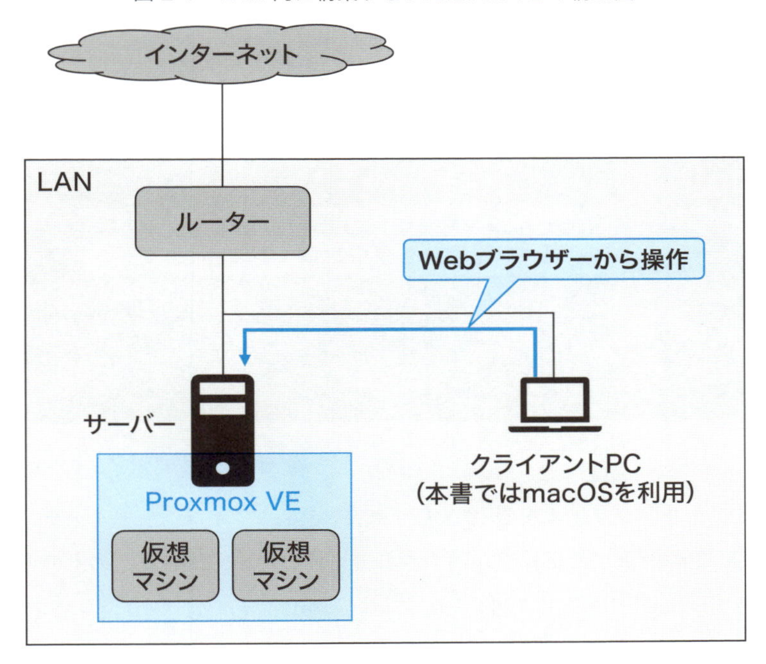

手順1　インストールメディアの作成

クライアントPCでダウンロードサイト[*1]にアクセスし、Proxmox VEのインストールメディア「Proxmox VE x.y ISO Installer」のファイルをダウンロードしてください。「x.y」には、インストーラーのバージョン番号が入っています。本書を執筆した2024年10月時点のインストーラーのバージョンは「8.2-2」でした[*2]。

[*1] https://www.proxmox.com/en/downloads
[*2] 時期によっては、より新しいバージョンがリリースされている可能性があります。その場合、バージョン番号は適宜読み替えてください。2024年11月末には「8.3-1」がリリースされています。

図 2-2 「Proxmox VE x.y ISO Installer」のダウンロードサイト

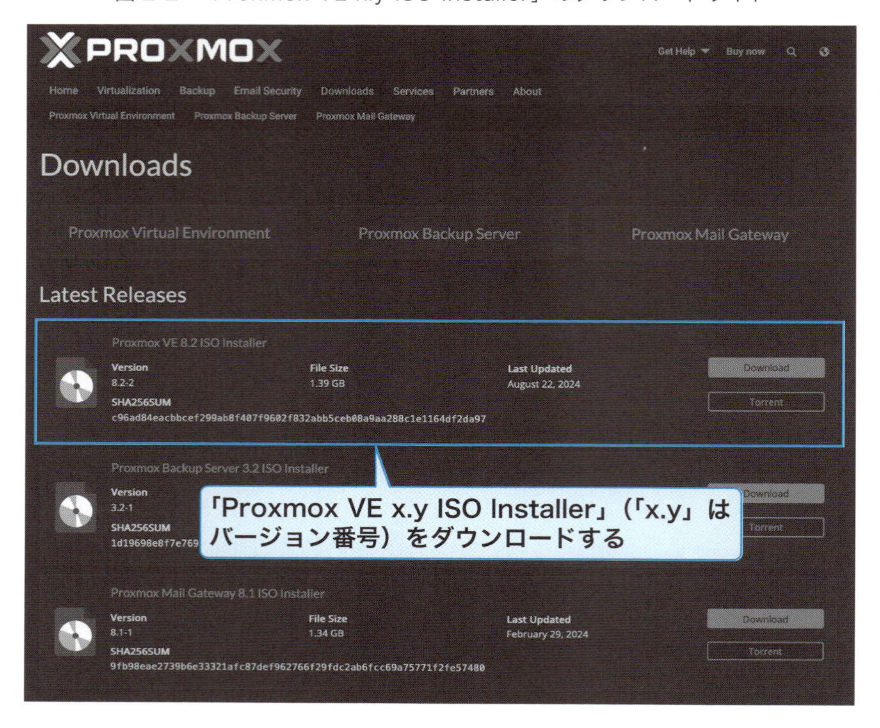

ダウンロードしたISOファイルをUSBメモリに書き込んで、インストールメディアを作成します。USBメモリは、保存されたデータが消去されても構わない、2GB以上のものを用意してください。ISOファイルをUSBメモリに書き込むには、Linuxであれば「dd」コマンドを使う方法、macOSであれば「hdiutil」コマンドを使う方法などがありますが、GUIのアプリケーションである「balenaEtcher*3」を使うのがお勧めです。ダウンロードサイト*4からクライアントPCのOSに応じたファイルをダウンロードして、インストールしてください。なおbalenaEtcherはマルチプラットフォームに対応しており、Windows/macOS/Linuxと、主要なデスクトップOSで同じように動作します。

balenaEtcherを起動すると、次の画面が表示されます。「Flash from file」をクリックしてください。なお、ここではmacOS版のbalenaEtcherの画面を使って解説していますが、Windows版とLinux版でも画面のユーザーインターフェイスはほぼ共通です。

---

*3 https://etcher.balena.io/
*4 https://etcher.balena.io/#download-etcher

図 2-3 「balenaEtcher」を起動した直後の画面
まずは「Flash from file」をクリックする。

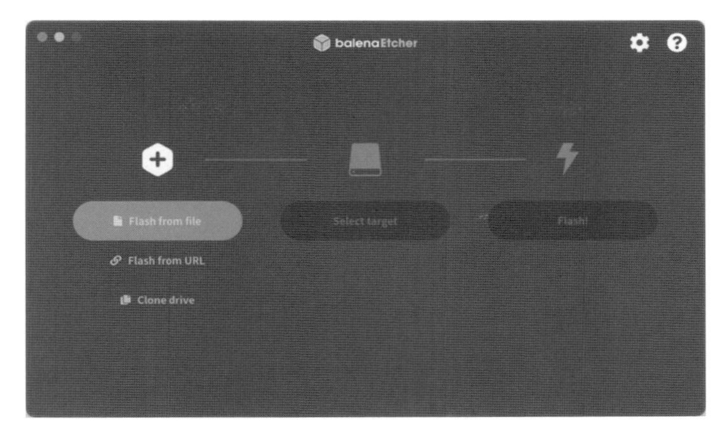

ファイルを開くダイアログが表示されるので、先ほどダウンロードしたProxmox VEのISOファイルを選択してください。

図 2-4 「Flash from file」をクリックすると表示されるファイルを開くダイアログの画面
USB メモリに書き込む ISO ファイルを指定する。

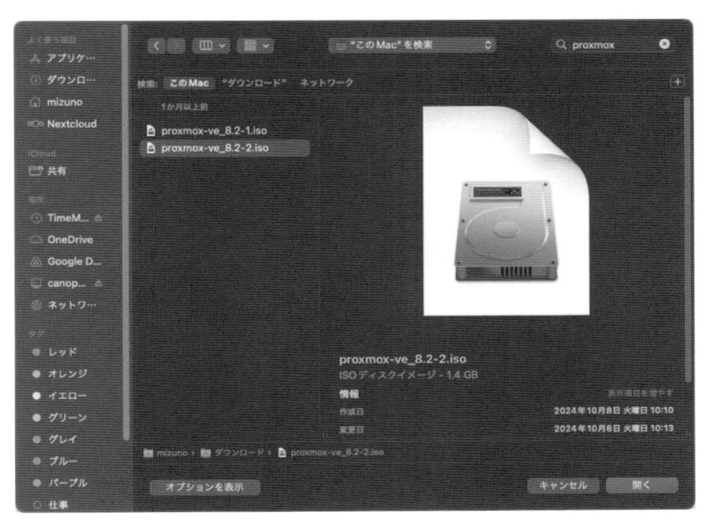

次に「Select target」をクリックします。

図 2-5　USB メモリに書き込むファイルを選択した直後の「balenaEtcher」の画面
「Select target」をクリックする。

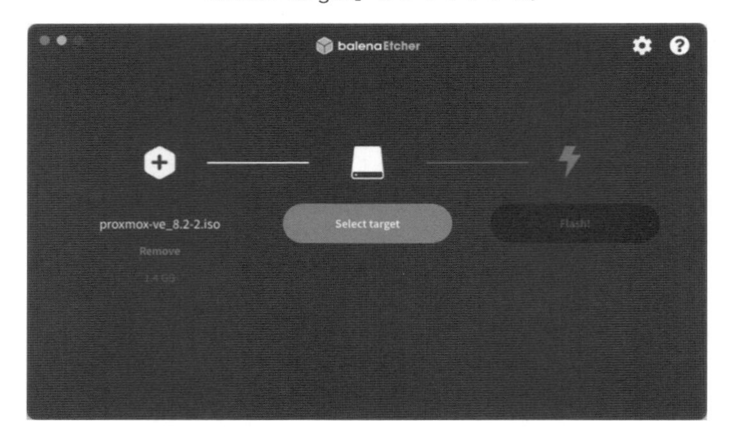

接続されているリムーバブルデバイスの一覧が表示されるので、書き込み先のUSBメモリを選択して「Select」をクリックしてください。なおISOファイルが書き込まれたメディアの内容は、すべて消去されます。そのためくれぐれも、書き込み先を間違えないよう、十分に注意してください。

図 2-6　「Select target」をクリックすると表示されるダイアログの画面
書き込む USB メモリを指定して「Select」をクリックする。

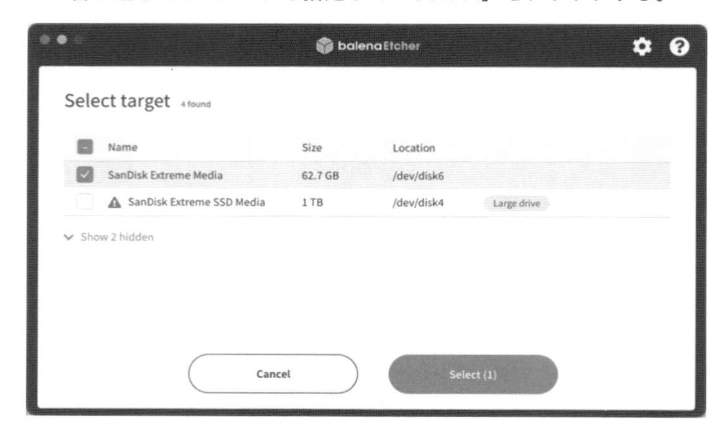

「Flash!」をクリックすると、実際に書き込みが始まります。

図 2-7　書き込む USB メモリを選択した直後の「balenaEtcher」の画面
「Flash!」をクリックして書き込みを開始する。

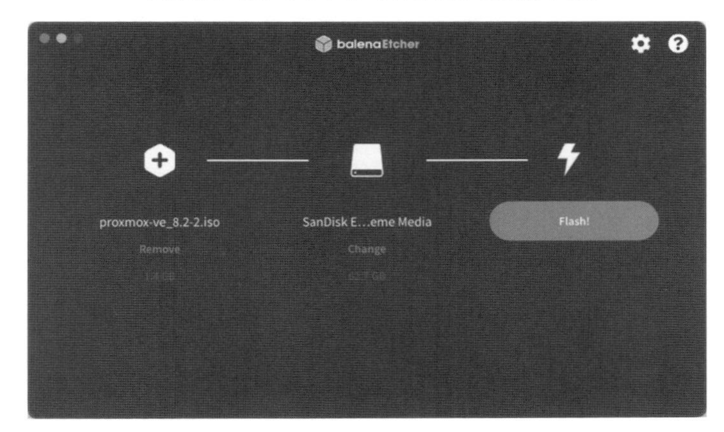

USB メモリへの ISO ファイルの書き込みには、管理者権限が要求されます。パスワードの入力を求められた場合、パスワードを入力して先に進めてください。

図 2-8　USB メモリに書き込む直前に表示される認証許可の画面
macOS ではパスワードの入力を求められる。Windows では変更許可を求める画面が表示されるので「はい」を選択する。

「Flash Complete!」と表示されたら、書き込みは完了です。balenaEtcher を閉じて、USB メモリを取り外してください。

図 2-9　正常に書き込みが完了したときの「balenaEtcher」の画面

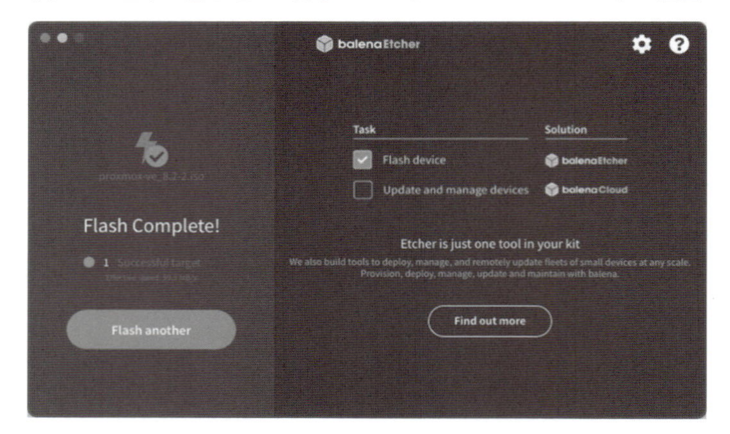

■ 手順2　Proxmox VEのインストール

ここからはサーバーにProxmox VEをインストールしていきます。**サーバーにインストールされている既存のOSやデータはすべて消去されるため、中身を消してもよいサーバーを用意してください。もしも大切なデータが存在する場合は、必ず事前にバックアップを行ってください。**

まずはサーバーのUEFI（BIOS）画面を表示させ、CPUの仮想化支援機能を有効にしておいてください。具体的な手順はサーバーのモデルによって異なるため、利用しているサーバーのマニュアルを参照してください。

図 2-10　UEFI（BIOS）でCPUの仮想化支援機能を設定する画面の一例
AMD社のCPUを搭載したPCでの設定画面を示した。仮想化支援機能の設定項目である「SVM Mode」を有効（Enabled）にする。

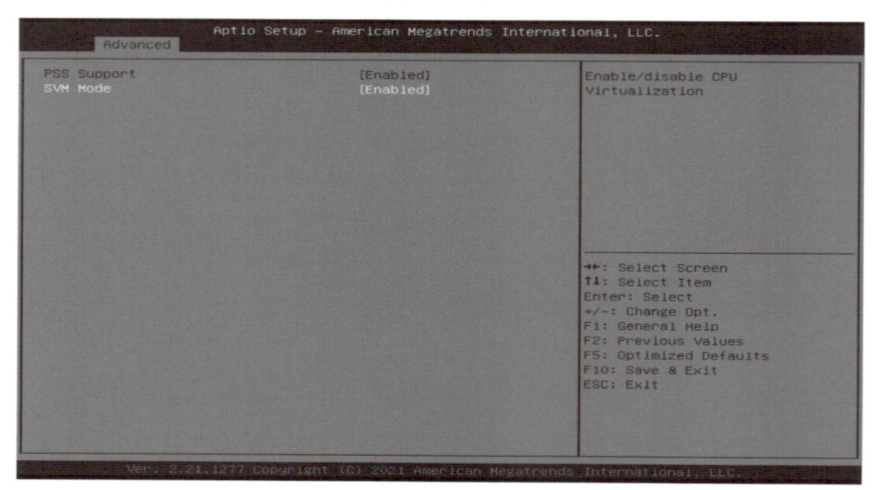

Proxmox VEのインストール用USBメモリからサーバーを起動します。サーバーの設定によっては、ブートデバイスの優先順位を変更する必要がある場合があります。こちらも具体的な手順は、利用しているサーバーのマニュアルを参照してください。

図 2-11　UEFI（BIOS）でブートデバイスの優先順位を設定する画面の一例
一時的に使用するブートデバイスを切り替え、USB メモリから起動するように設定する。

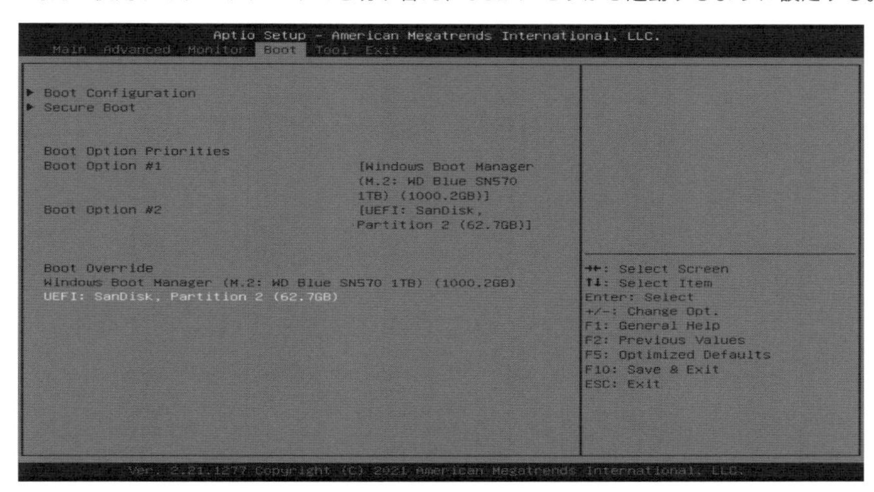

インストール用USBメモリからサーバーを起動すると、次のような画面が表示されます。メニューの「Install Proxmox VE（Graphical)」を選択した状態で、[Enter］キーを押してください。

図 2-12　Proxmox VE のインストーラーのメニュー画面

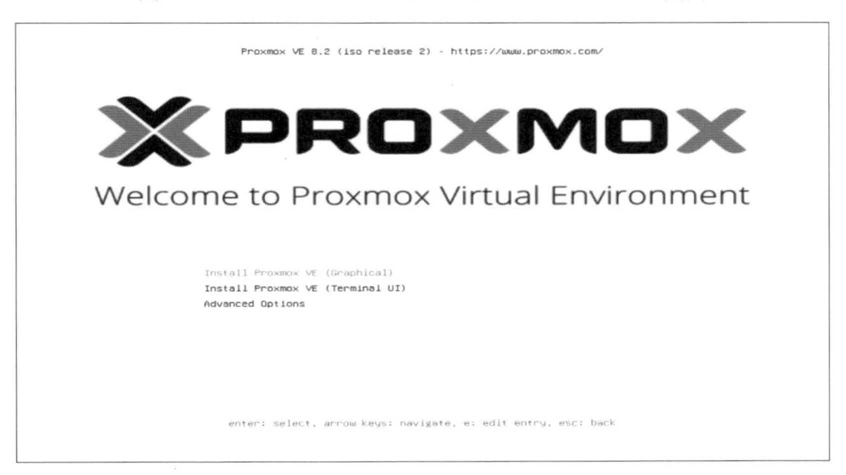

Proxmox VEのEULA（使用許諾契約）が表示されます。内容を確認のうえ、問題なければ「I agree」をクリックしてください。

図 2-13　使用許諾契約の画面

Proxmox VEをインストールするストレージを選択します。「Target Harddisk」のプルダウンボックスをクリックして、サーバーに内蔵されているストレージを選択してください。繰り返しますが、インストール先に選択したストレージの内容はすべて失われるため注意してください。

図 2-14　インストール先のストレージの選択画面

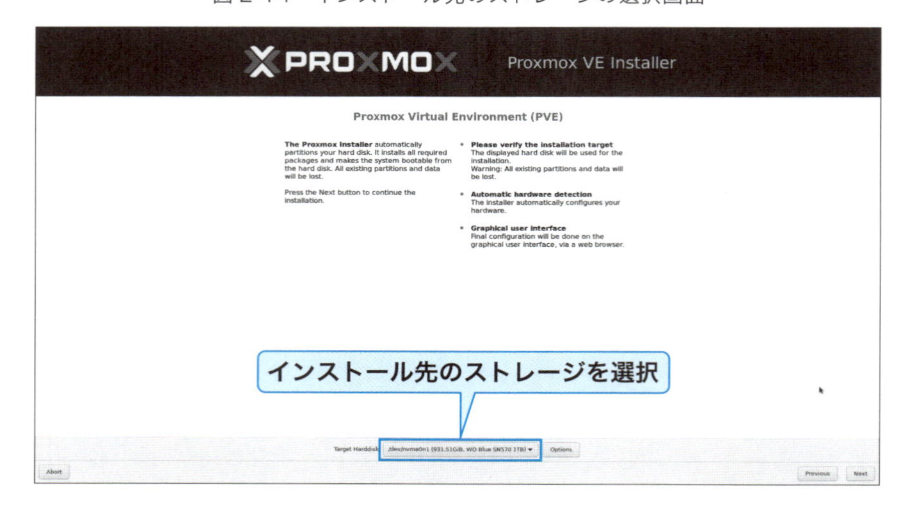

「Option」でインストール先の構成を変更できる

「Options」をクリックすると、パーティションのサイズやファイルシステムを選択できます。本書はデフォルトの設定を使うことを前提とするため、詳しくは解説しません。

図A 「Option」をクリックすると表示されるダイアログ画面

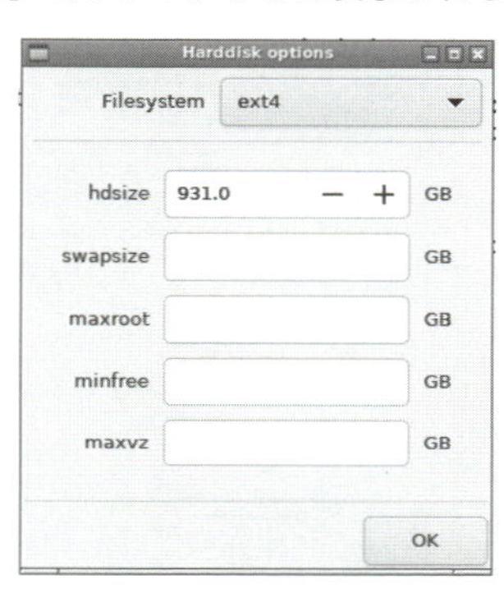

地域、タイムゾーン、キーボードレイアウトを設定します。日本国内で利用するのであれば、「Country」は「Japan」、「Time zone」は「Asia/Tokyo」としてください。「Keyboard Layout」は、日本語キーボードを使っているのであれば「Japanese」ですが、もし英語キーボードなど、異なるレイアウトのキーボードを使用している場合は、適宜変更してください。

図2-15 地域、タイムゾーン、キーボードレイアウトの選択設定

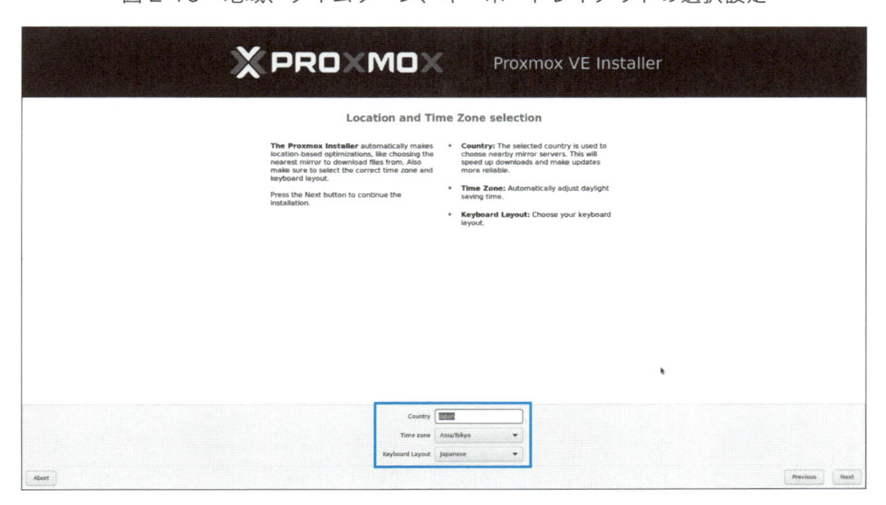

rootユーザーのパスワードと、メールアドレスを設定します。ここで設定したメールアドレスは、通知のデフォルトの送信先となります。通知については第5章で解説します。

図2-16　パスワードとメールアドレスの設定画面

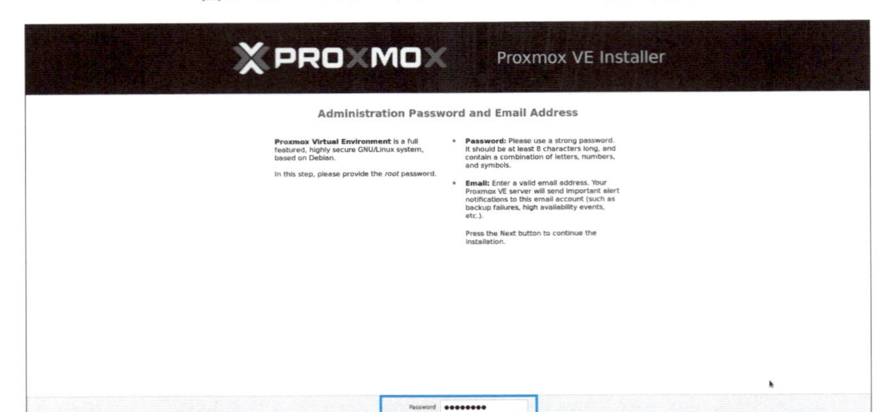

Proxmox VEのホスト名とネットワークに関する設定を行います。IPアドレス、ゲートウェイ、使用するDNSサーバーなどは、ネットワークの設定に応じて適宜変更してください。

図2-17　ネットワークに関する設定画面

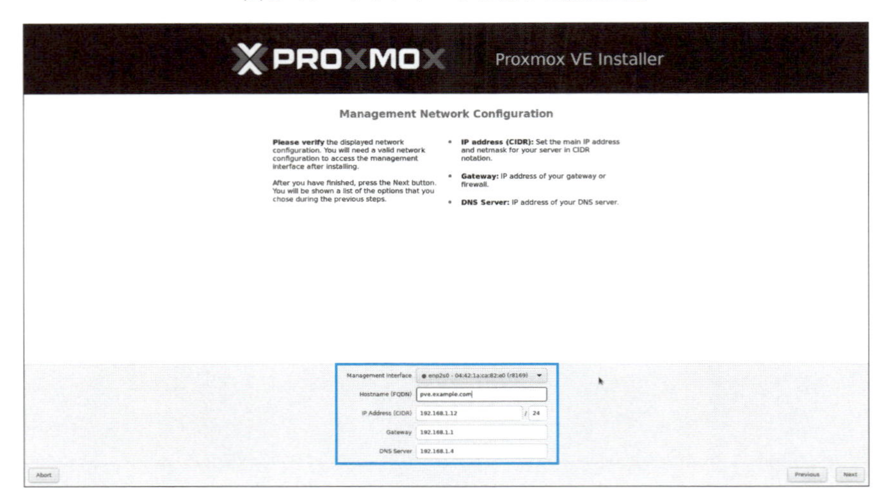

ここまでに設定した情報が表示されます。間違いがないか確認したうえで「Install」をクリッ

クしてください。なお、ここで「Automatically reboot after successful installation」にチェックを入れておくと、インストールが成功した際、自動的にサーバーが再起動します。再起動の手間を省くためにも、チェックを入れておくと便利です。

図 2-18　インストールに関する情報の確認画面

PROXMOX Proxmox VE Installer

Summary

Please confirm the displayed information. Once you press the **Install** button, the installer will begin to partition your drive(s) and extract the required files.

Option	Value
Filesystem:	ext4
Disk(s):	/dev/nvme0n1
Country:	Japan
Timezone:	Asia/Tokyo
Keymap:	en-us
Email:	
Management Interface:	enp2s0
Hostname:	pve
IP CIDR:	192.168.1.12/24
Gateway:	192.168.1.1
DNS:	192.168.1.4

Automatically reboot after successful installation

Abort　Previous　Install

インストールの完了までは少し時間がかかります。インストールが完了したら、サーバーを再起動します。

図 2-19　インストール中の画面

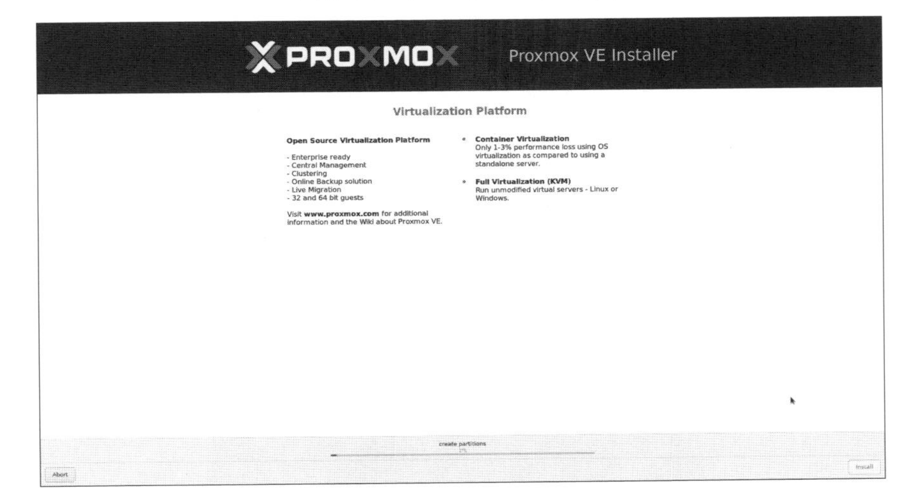

再起動すると、Proxmox VEが起動し、Linuxの仮想コンソール画面が表示されます。これ以降は、Webブラウザーから操作が可能です。コンソール画面に表示されているURLにアクセスしてみましょう。

図 2-20　再起動後に表示されるコンソール画面
Proxmox VE にアクセスするための URL が表示される。

手順3　Proxmox VEへのログイン

クライアントPC上でWebブラウザーを起動して、Proxmox VEのWebインターフェイスにアクセスしましょう。インストール後のコンソール画面に表示されたURLを入力してください。通常であれば「https://サーバーのIPアドレス:8006」となるはずです。スキーマがhttpsであることと、8006番ポートを指定する必要がある点に注意しましょう。

Proxmox VEは、デフォルトで自己署名のSSL証明書を利用しています。そのためWebブラウザーが次のような警告を発します。本来であれば、このような警告の出るサイトにはアクセスしてはいけません。ですが、これは自分でインストールしたシステムであるため、警告は無視して続行してください。

図 2-21　表示される警告画面
SSL 証明書に不備が見つかったために警告が表示される。

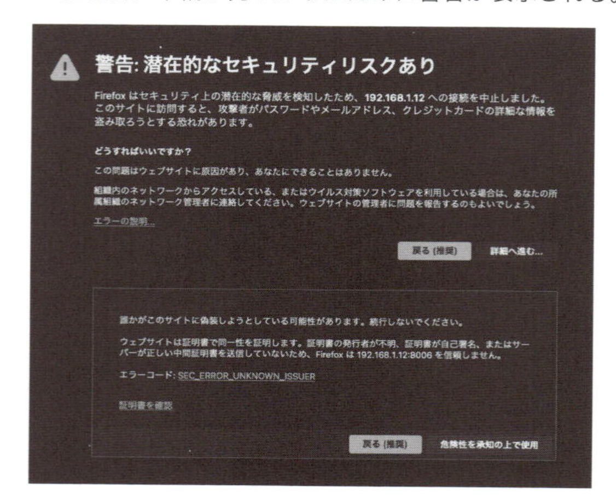

アクセスすると次のようなログイン画面が表示されます。デフォルトでは言語が英語になっているので、まずはここを日本語に変更しましょう。「Language」の項目で「日本語 - 日本語」を選択してください。

図 2-22　Proxmox VE のログイン画面

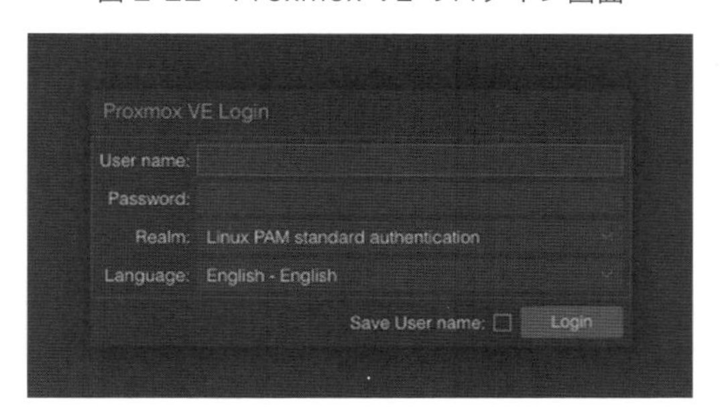

表記が日本語に変更されたら、ほかの項目を設定します。「レルム」は「Linux PAM standard authentication」を選択してください。これはProxmox VEのベースとなっているDebian GNU/Linux上のユーザーを使ってログインするという意味です。「ユーザ名」には「root」、「パスワード」にはインストール時に設定したrootのパスワードを入力します。最後に「ログイン」をクリックしてください。

図 2-23　「root」ユーザーでログインする

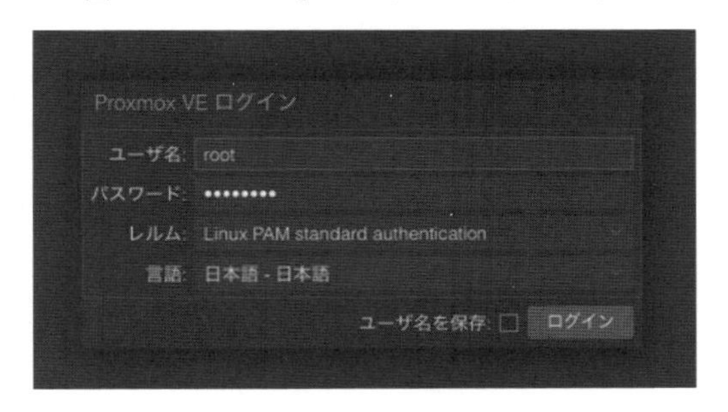

Proxmox VEはデフォルトで、エンタープライズ向けのリポジトリを使用するよう設定されています。ですが、このリポジトリを使用するためには、有償のサブスクリプション契約が必要です。インストール直後のシステムには、有効なサブスクリプションが登録されていないため、次のようなエラーが表示されます。本書では有償サブスクリプションは使用しないため、無視して「OK」をクリックして構いません。有償サブスクリプションについては後述します。

図 2-24　サブスクリプションに対する警告画面

これでログインは完了です。続いてWebインターフェイスの使い方を解説します。

2-3 Proxmox VE の Web インターフェイスの構成

Webインターフェイスにログインすると、次の画面が表示されます。

図 2-25　Proxmox VE にログインした直後の画面

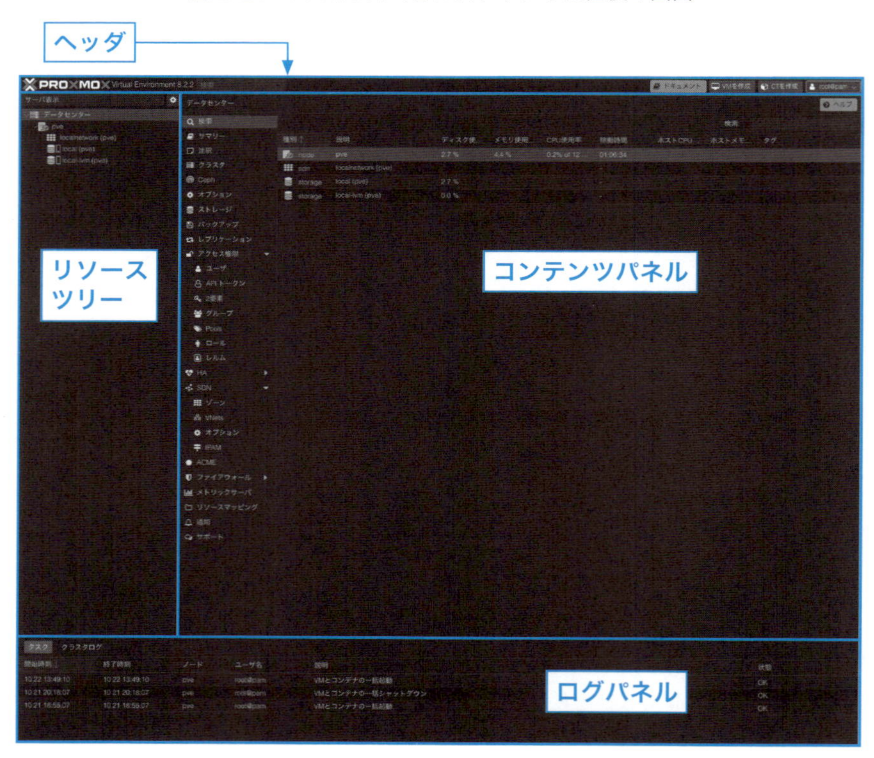

Proxmox VEのWebインターフェイスは、大きく次の四つの領域で構成されています。

ヘッダ

Webインターフェイス上部に表示されている領域です。左上にProxmox VEのロゴと動作しているバージョンが表示されています。その右隣には検索ボックスがあり、Proxmox VE上に存在する様々なオブジェクトを検索できます。

ヘッダの右端には、「ドキュメント」「VMを作成」「CTを作成」「ユーザーメニュー」の4個のボタンが並んでいます。「ドキュメント」をクリックすると、Webブラウザーが新しいウィンドウ（またはタブ）を開き、Proxmox VEのマニュアルを表示します。

「VMを作成」「CTを作成」は、それぞれ新しい仮想マシン（VM）とコンテナ（CT）を作成するためのボタンです。仮想マシンとコンテナの作成方法については後述します。

現在ログインしているユーザー名が表示されているボタンが「ユーザーメニュー」です。ここからはパスワードの変更、多要素認証の設定、色テーマや言語の変更など、個人向けの設定が行えます。またProxmox VEからのログアウトもここから行います。

図2-26　ヘッダ

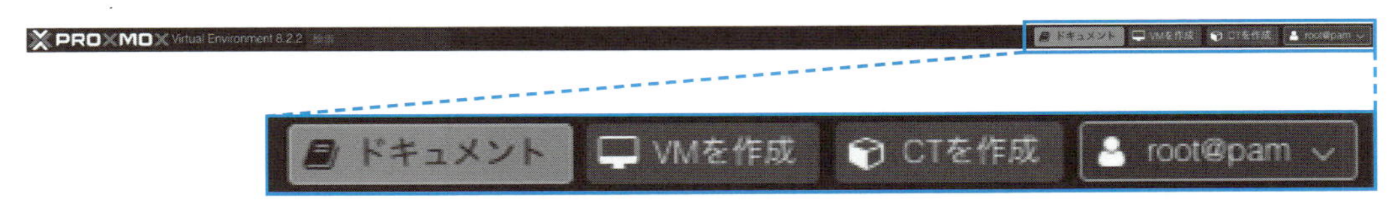

Webインターフェイスの色テーマ

いまどきのWebインターフェイスの例に漏れず、Proxmox VEにもLightテーマとDarkテーマが用意されており、ユーザーごとに自由に切り替えることができます。テーマを切り替えるには、ユーザーメニューから「色テーマ」を選択し、表示されるダイアログから使いたいテーマを選択してください。

図A　「色テーマ」を選択するダイアログ

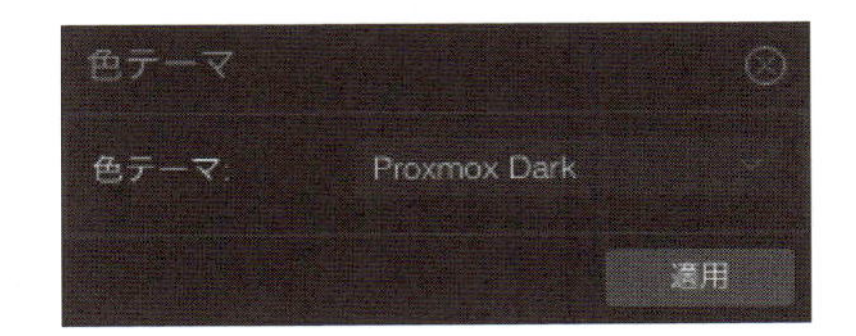

図B 「Light」と「Dark」のテーマを適用したときの画面
上が「Light」、下が「Dark」を適用したときの画面となる。

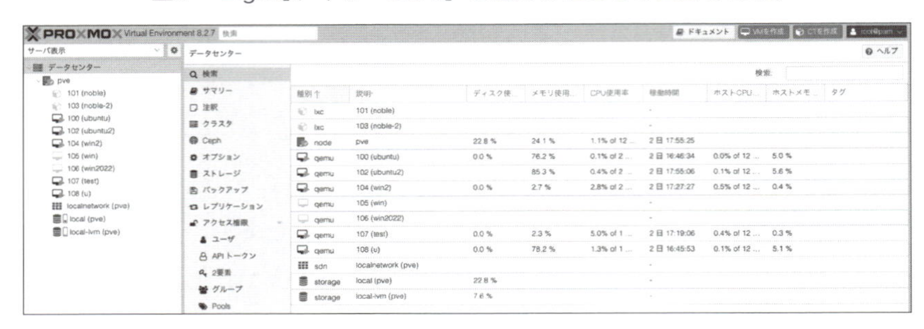

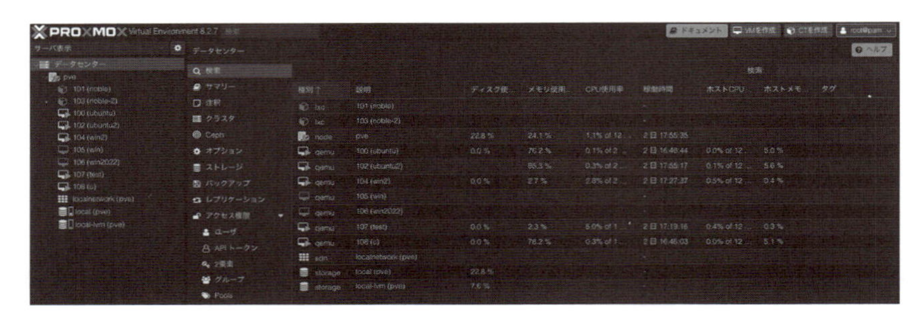

なおデフォルトの色テーマは「既定(auto)」となっています。autoではWebブラウザーの設定に応じて、自動的にLightテーマとDarkテーマが切り替わります。

図C Webブラウザー（Firefox）のテーマ設定の例

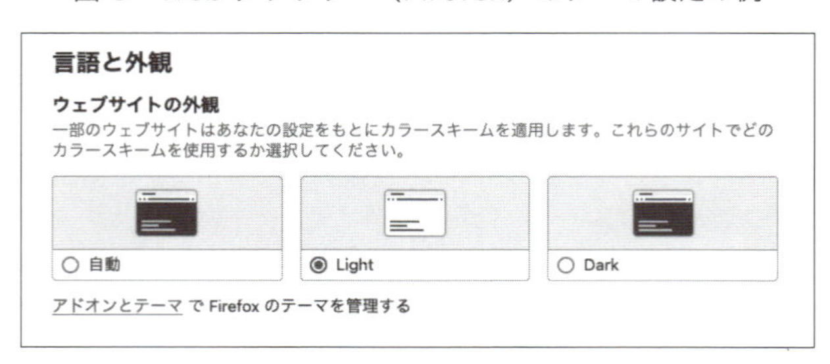

デフォルトの色テーマが「既定(auto)」となっていることから、本書のスクリーンショットでも、検証に利用したクライアントPCの環境によってLightテーマとDarkテーマが混在しています。ですが表示されている内容そのものに、テーマによる差異はありません。

リソースツリー

Webインターフェイスの左側に表示されている領域がリソースツリーです。これはProxmox VEのオペレーションの起点となる場所で、どのような操作をするにしろ、まず最初にここから対象を選択する必要があります。

リソースツリーは表示形式を選択でき、デフォルトでは「サーバ表示」が選択されています。これは「データセンター」以下に「ノード」「ゲスト」「ネットワーク」「ストレージ」「プール」といったオブジェクトが、ツリー状にまとめて表示されます。

「データセンター」はProxmox VEクラスター全体を指す概念です。Proxmox VEでは複数のサーバー（ノード）をネットワークで接続し、それぞれのノードが持つリソースを、一つのシステムとして扱うことができます。これをクラスターと呼びます。「データセンター」以下には、クラスターに参加しているすべてのノードが、ツリー状に表示されます。クラスターについては第9章を参照してください。

「ノード」はProxmox VEが動いている物理サーバーです。クラスターに所属する、すべてのノードが表示されます。デフォルトの状態ではクラスターは組まれていないので、単一のノードのみが表示されます。

「ゲスト」はProxmox VE上に作成された仮想マシンやコンテナです。「ネットワーク」や「ストレージ」は、Proxmox VEで利用しているネットワークインターフェイスやストレージとなります。

リソースツリー上部にある「サーバ表示」の部分をクリックすると、「フォルダ表示」と「Pool表示」に切り替えることができます*5。「フォルダ表示」では、オブジェクトをタイプ別にグループ化して表示できます。「Pool表示」では、プールごとにグループ化して表示できます。プール（あるいはリソースプール）とは、複数の仮想マシンやコンテナといったオブジェクトをグループ化して管理する単位です。ただし本書ではプールについては扱いません。

*5 Proxmox VE 8.3では、「タグ表示」が追加されました。仮想マシンやコンテナにタグを付けることで、タグごとにグループ分けすることができます。

図 2-27　「フォルダ表示」に切り替えたときのリソースツリー

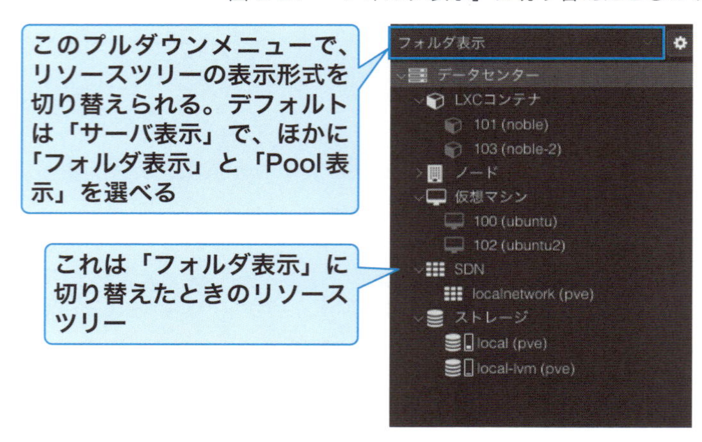

コンテンツパネル

リソースツリーから任意の項目を選択すると、それに対応するオブジェクトの構成と詳細が、Webインターフェイスの右側の領域に表示されます。この領域がコンテンツパネルです。具体的に表示される項目は、選択したオブジェクトによって異なります。例えば「データセンター」を選択すると、Proxmox VEクラスター全体に関わる設定が表示されます。具体的にはクラスター全体の「サマリー」や、クラスターにログインするユーザーの管理などです。

図 2-28　「データセンター」→「サマリー」を選択したときのコンテンツパネル

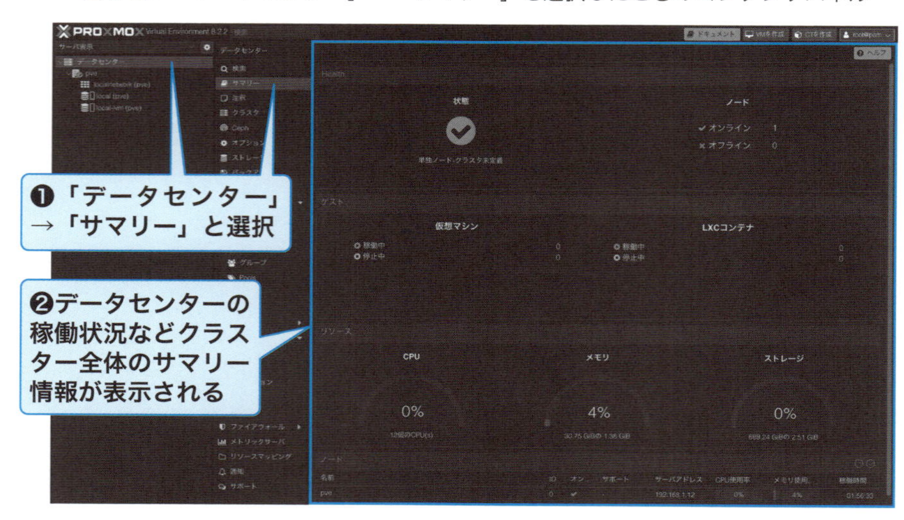

図 2-29 「データセンター」→「ユーザー」を選択したときのコンテンツパネル

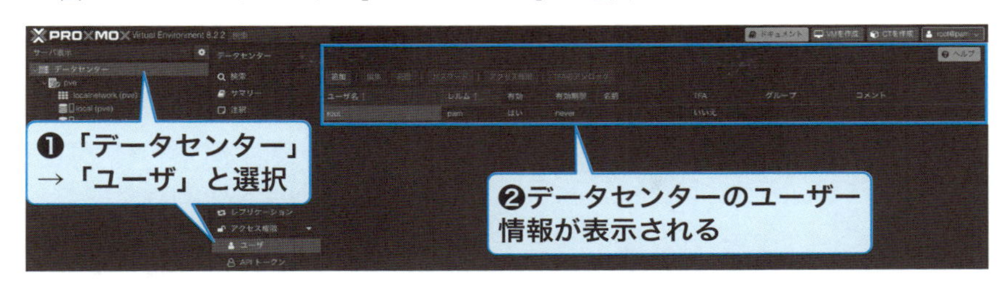

「ノード」を選択すると、そのノードに固有の設定が表示されます。例えばネットワークを設定する、システムをアップデートする、サーバーのシェルを取得するといった具合です。

図 2-30 「pve」ノード→「シェル」を選択したときのコンテンツパネル
Web インターフェイスからサーバーのシェルを操作できる。ノードの名前はインストール時に設定したFQDN を基に付けられるため、ここでは「pve」がノードの名前となる。

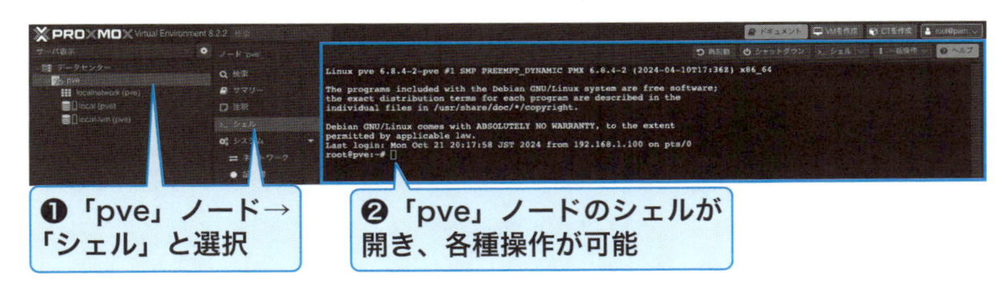

ログパネル

Webインターフェイスの下部に表示されている領域がログパネルです。ここにはProxmox VE上で起こった様々なイベントが表示されます。例えば新しい仮想マシンの作成などの操作を行うと、これが「タスク」としてProxmox VEに登録され、バックグラウンドで非同期に実行されます。こうしたタスクの実行結果は、ログパネルから確認できます。

図 2-31 ログパネルの画面
タスク一覧が表示される。

タスク　クラスタログ

開始時刻	終了時刻	ノード	ユーザ名	説明	状態
10/22 04:40:07	10/22 04:40:10	pve1	root@pam	アップデートパッケージデータベース	OK
10/21 17:57:26	10/21 17:57:59	pve1	root@pam	シェル	OK
10/21 17:57:14	10/21 17:57:16	pve1	root@pam	CT 100 - 開始	OK
10/21 17:56:56	10/21 17:57:00	pve1	root@pam	CT 100 - 作成	OK
10/21 17:56:04	10/21 17:56:04	pve1	root@pam	VMとコンテナの一括起動	OK
10/21 17:55:33	10/21 17:55:33	pve1	root@pam	VMとコンテナの一括シャットダウン	OK
10/21 17:36:18	10/21 17:55:14	pve1	root@pam	シェル	OK
10/21 17:35:59	10/21 17:36:02	pve1	root@pam	アップデートパッケージデータベース	OK
10/21 17:35:42	10/21 17:35:53	pve1	root@pam	シェル	OK
10/21 17:24:17	10/21 17:33:45	pve1	root@pam	ファイル ubuntu-24.04-standard_24.04-2_amd64.tar.zst - ダウンロード	OK
10/21 02:03:40	10/21 02:03:42	pve1	root@pam	アップデートパッケージデータベース	エラー: command 'apt-get u...
10/20 05:20:00	10/20 05:20:03	pve1	root@pam	アップデートパッケージデータベース	エラー: command 'apt-get u...
10/19 01:51:33	10/19 01:51:34	pve1	root@pam	アップデートパッケージデータベース	エラー: command 'apt-get u...
10/18 03:57:41	10/18 03:57:44	pve1	root@pam	アップデートパッケージデータベース	エラー: command 'apt-get u...

登録されたタスクをダブルクリックすると、詳細な情報を確認できます。

図2-32　エラー終了したタスクの詳細画面

2-4 Proxmox VEの有償サブスクリプション

Proxmox VE本体は、無償で使用できるオープンソースソフトウェアです。ソフトウェアのアップデートやセキュリティ修正は、専用のリポジトリから配布されますが、これらのパッケージは常に十分にテストおよび検証されているわけではありません。これに対し、十分にテストされ、より安定したパッケージが、エンタープライズ向けのリポジトリから配布されています。ですがエンタープライズ向けのリポジトリにアクセスするためには、有償のサブスクリプション契約を結ぶ必要があります。デフォルトでエンタープライズ向けのリポジトリを使用する設定となっているため、前述のように、Webインターフェイスへのログイン時に警告が表示されるというわけです。

本番運用するサーバーであれば、有償サブスクリプションを契約し、エンタープライズ向けのリポジトリへアクセスできるようにすることが推奨されています。ですが個人での利用や開発目的であれば、自己責任のうえ、無償で利用したいと考えるかもしれません。エンタープライズ向けのリポジトリを無効化し、無償のリポジトリへ切り替えるには、次の手順を実行します。

リソースツリーからProxmox VEのノードを選択し、コンテンツパネルで「アップデート」以下にある「リポジトリ」をクリックしてください。現在有効なリポジトリの一覧が表示されるので、「コンポーネント」が「enterprise」、「オリジン」が「Proxmox」となっている「ceph-quincy」リポジトリを選択します。その状態で「無効」ボタンをクリックしてください。リポジトリが無効になります。同様に「コンポーネント」が「pve-enterprise」となっている「pve」リポジトリも無効にしてください。無効になったリポジトリは、先頭の「有効」のチェックが外れます。

図 2-33　無効にするリポジトリ

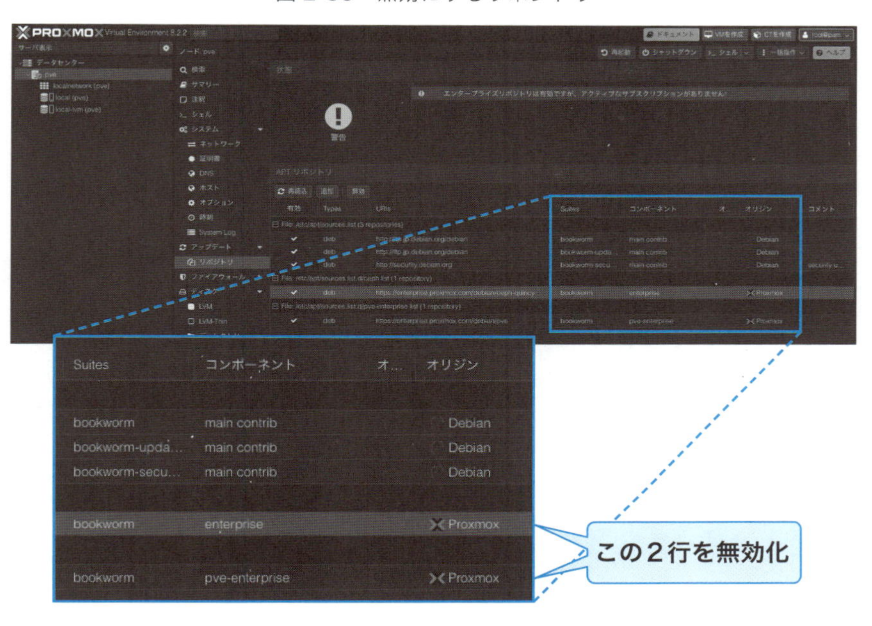

続いて無償のリポジトリを追加します。「追加」ボタンをクリックしてください。リポジトリ追加のダイアログが表示されるので、「リポジトリ」を「No-Subscription」に切り替えたうえで、「追加」をクリックします。

図 2-34　リポジトリ追加のダイアログ画面
「No-Subscription」を選択する。

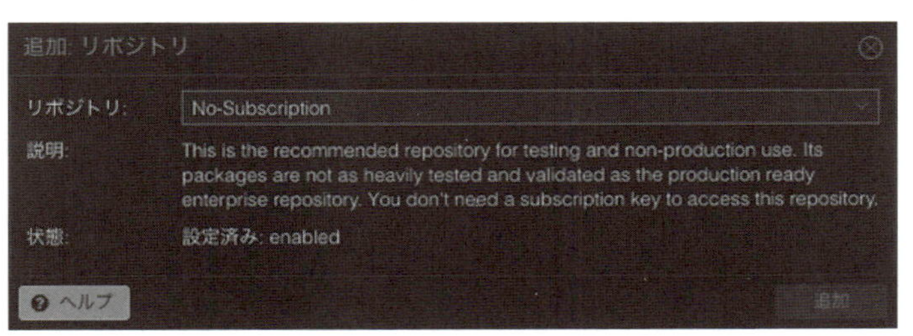

図 2-35　エンタープライズ向けリポジトリを無効にし、無償リポジトリを追加した状態のコンテンツパネル

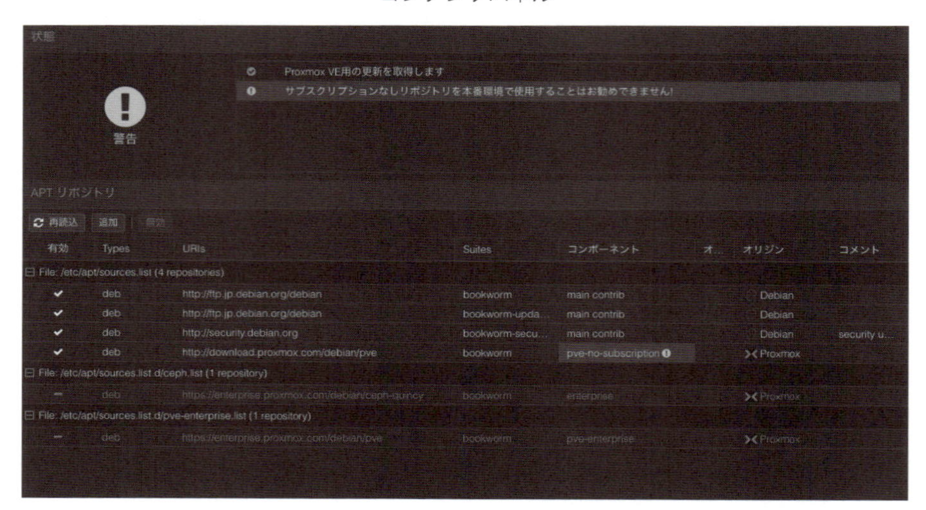

2-5 Proxmox VE を最新にアップデートする手順

リポジトリの切り替えが完了したら、Proxmox VEを最新の状態にアップデートしておきましょう。リソースツリーからProxmox VEのノードを選択し、コンテンツパネルで「アップデート」をクリックします。ここで上部にある「再表示」のボタンをクリックすると、最新のパッケージ情報に更新されます。もしもアップデートが存在する場合、更新されるパッケージの一覧が表示されるので、「再表示」ボタンの右側にある「アップグレード」ボタンをクリックしてください。

図 2-36　アップデート可能なパッケージが一覧表示された画面

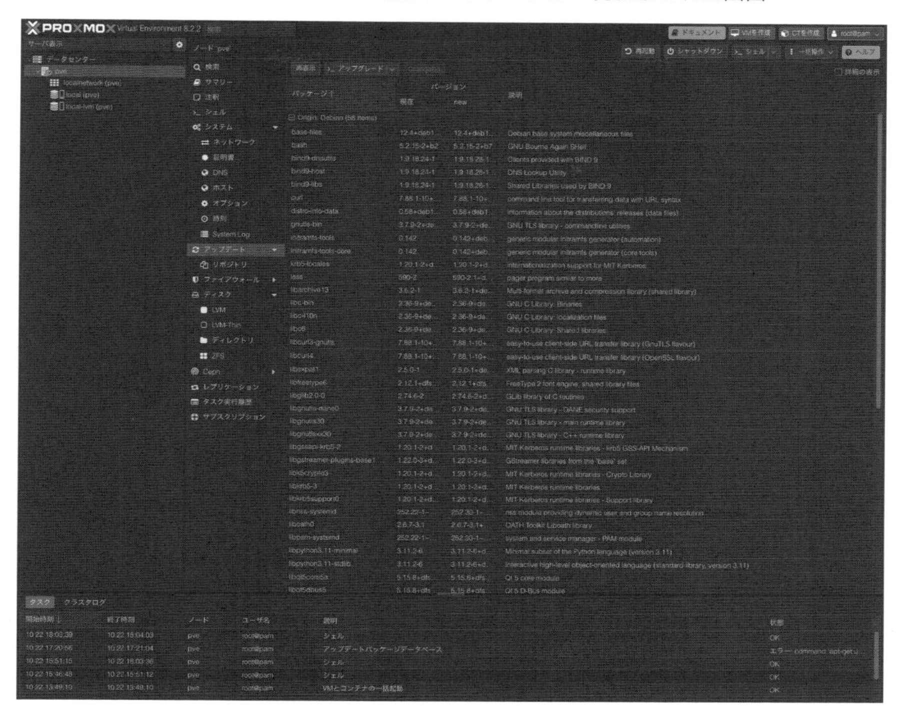

Webブラウザーの新しいウィンドウが開き、サーバーのコンソールが表示されます。処理を続けてよいかの確認が表示された状態で停止するので、「y」を入力して［Enter］キーを押してください。

図 2-37　表示されるサーバーのコンソール画面

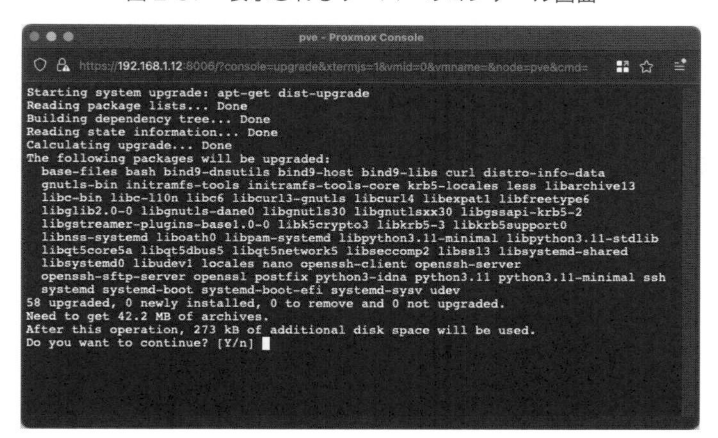

アップデートが完了すると、シェルのプロンプトに戻ります。「exit」と入力して［Enter］キーを押し、シェルを終了した後にウィンドウを閉じてください。なお次のように「Please consider rebooting」と表示されている場合は、Proxmox VEのノード自体を再起動してください。

図 2-38　アップデートが完了した後のコンソール画面

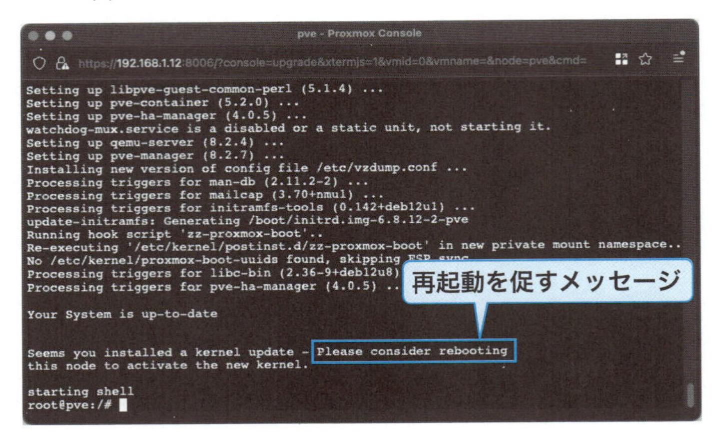

ノードを再起動するには、リソースツリーからProxmox VEのノードを選択し、コンテンツパネル上部にある「再起動」ボタンをクリックしてください。

図 2-39　Proxmox VE を再起動する方法

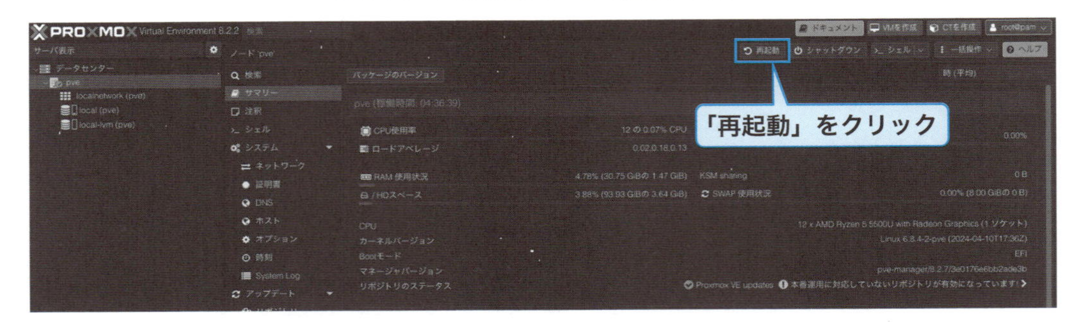

第3章

仮想マシンを動かす

本章では、Proxmox VE上で仮想マシンを作成し、動かすまでの手順を解説します。仮想マシンのOSの違いで、「Ubuntu 24.04.1 LTS Server」と「Windows Server 2022」の2パターンで紹介しています。

3-1 仮想化技術「QEMU」と「KVM」の概要

Proxmox VEでは、二つの仮想化技術「QEMU」と「KVM」(Kernel-based Virtual Machine)を使って仮想マシンを動かします。なぜ二つの仮想化技術を使う必要があるのかを理解するには、Proxmox VEのベースOSであるLinuxの二つの動作モードについて、知っておく必要があります。

従来より、Linuxの動作モードは「カーネルモード」と「ユーザーモード」という、二つの特権レベルに分けられていました。カーネルモードとは、すべての命令が実行できるモードです。名前の通りOSのカーネルやハードウェアを制御するデバイスドライバのような、システムレベルのプロセスが動作しています。対してユーザーモードとは、それ以外の一般的なプロセスが動作するモードです。ユーザーモードでは「特権命令」に分類される命令は実行できず、ハードウェアやメモリ管理機能に直接アクセスすることはできません。通常のアプリケーションをはじめとする一般ユーザーが実行するプロセスは、すべてユーザーモード上で動作しています。ユーザーモードのプロセスはハードウェアにアクセスできないため、自力ではファイルの操作もできません。そこでこうした特権が必要な操作は「システムコール」を呼び出すことで、カーネルモードで動作しているカーネルに処理を依頼しています。このように特権レベルを分離することで、一般的なアプリケーションが破壊的な操作を行うことを防いでいるのです。

QEMUとは、コンピューターのハードウェアをソフトウェア的に再現する、オープンソースの仮想化ハイパーバイザーです。QEMUはエミュレーションした仮想CPUへの命令を、ホストCPUへの命令に、動的に変換します。このためx86 CPU上で、アーキテクチャの異なるARM向けのプログラムを動かすことも可能となっています。またCPUのみならず、チップセットやストレージ、キーボードやマウスなどの入出力インターフェイスといった、システム一式のエミュレーションも担っています。

前述した通り、OSのカーネルやデバイスドライバはカーネルモードで動作する必要があります。ですがQEMU自体は一般的なアプリケーションと同じく、ユーザーモードのプロセスとして動作します。つまりQEMU上で動作する仮想マシンは、OS全体がユーザーモードで動作することになるのです。これによってユーザーモードとカーネルモードの頻繁な切り替えが発生し、仮想マシンは深刻なパフォーマンスの低下を引き起こします。

KVMとは、Linuxカーネルが持つ仮想化支援モジュールです。CPUが持つ仮想化支援機能(Intel VT/AMD-V)を利用し、仮想マシン上の命令を、ホストCPU上で直接実行することを可能にします。QEMUとKVMを併用することで、ストレージや入出力のエミュレーションは引き続きQEMUが担当しつつ、CPUの仮想化に関しては、KVMを通じて高速に処理することが可能になるのです。

3-2 仮想マシンの作成から起動までの手順

それでは仮想マシンを作成して起動するまでの手順を、ステップバイステップで解説します。ここではデフォルト設定でインストールした状態のProxmox VE 8.2.7を前提に解説します。自分でインストールしたProxmox VEの環境と異なる部分は、適宜読み替えてください。

■ 手順1　ISOイメージファイルのアップロード

仮想マシンにはゲストOSをインストールする必要があります。そこであらかじめ、ゲストOSのインストールメディアをProxmox VEのストレージ上にアップロードしておきます。ゲストOSは必要なものを選択して構いませんが、ここでは例として、Ubuntu 24.04 LTSのサーバー版「Ubuntu 24.04 LTS Server」を利用します。ダウンロードサイト[*1]から、「Ubuntu 24.04.1 LTS」[*2]のISOイメージファイルをダウンロードしてください。

図 3-1　Ubuntu Server の ISO イメージファイルのダウンロードページ

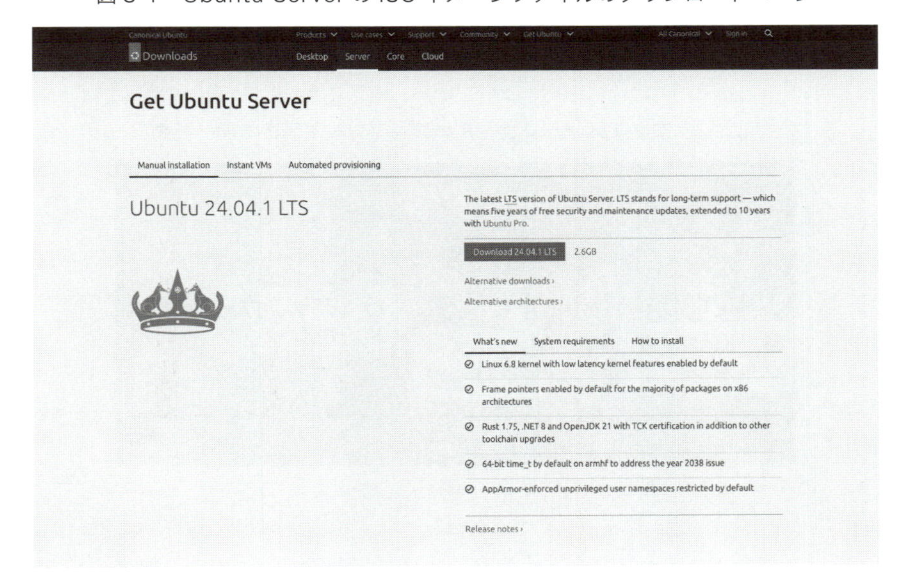

ダウンロードしたISOイメージファイルを、Proxmox VEのストレージにアップロードしまし

*1 https://ubuntu.com/download/server
*2 UbuntuのLTS（長期サポート版、2024年10月時点の最新版は24.04）は、おおむね半年ごとに「ポイントリリース」と呼ばれる、最新のインストールメディアがリリースされます。バージョン番号の末尾に付いている、一桁の数字がポイントリリース番号です。つまり「24.04.1」は、「Ubuntu 24.04」の最初のポイントリリースを意味しています。ダウンロードするタイミングによっては、より新しいポイントリリース（24.04.2、24.04.3など）がリリースされている場合がありますが、適宜読み替えて、最新のポイントリリースをダウンロードしてください。

ょう。

Proxmox VEがストレージに格納できるコンテンツには、ISOイメージ、仮想マシンのディスク、仮想マシンのバックアップなどがあります。これらはそれぞれフォーマットも、アクセスする頻度も異なり、それに伴ってストレージに求められる要件も異なってきます。そこでProxmox VEでは、ストレージごとに格納できるコンテンツを制限することができます。

Proxmox VEのノードには、デフォルトで2種類のストレージが用意されています。リソースツリー上で対象のノードをクリックすると、「local」と「local-lvm」が確認できるでしょう。このうち「local」はホスト上にあるディレクトリ「/var/lib/vz」で、ISOイメージ、コンテナテンプレート、バックアップを格納できます。「local-lvm」は、LVMの空き領域（ストレージプール）です。仮想マシンやコンテナが作成されると、それらが扱うディスクやボリュームが、このストレージプール内に作成されます。ストレージについては第6章で解説しています。詳しく知りたければ第6章を参照してください。

リソースツリー上で「local」をクリックしてください。コンテンツパネル内にストレージ内のコンテンツの種類が表示されるので、「ISOイメージ」を選択してから「アップロード」をクリックします。

図3-2　ISOイメージファイルのアップロード画面を開く手順

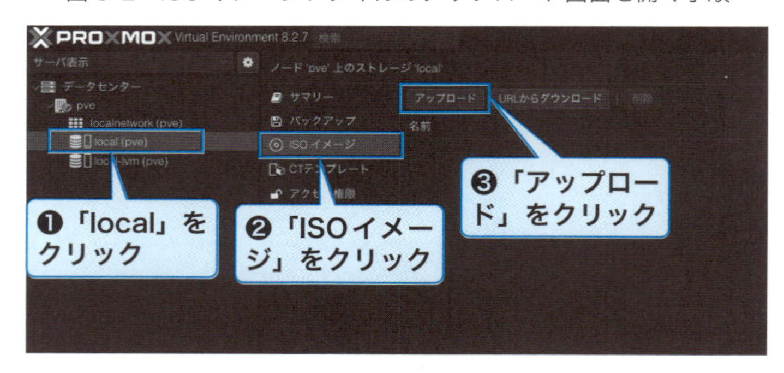

ISOイメージファイルをアップロードするダイアログが表示されるので、「ファイルを選択」をクリックして、先ほどダウンロードしたUbuntu ServerのISOイメージファイルを選択してください。「アップロード」をクリックすると、実際にアップロードが開始されます。

図 3-3　ISO イメージファイルのアップロード画面

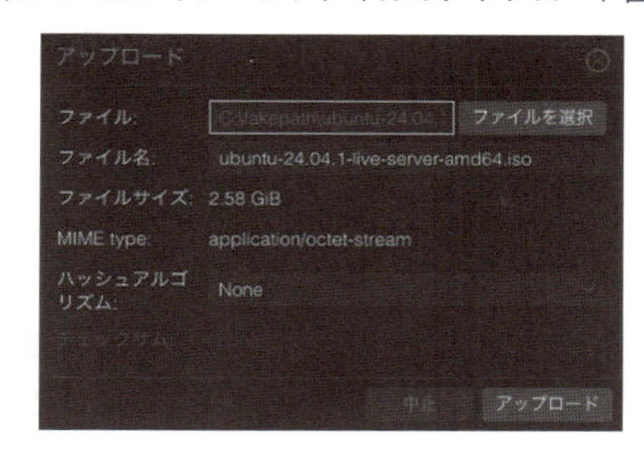

図 3-4　アップロード後のコンテンツパネル
アップロードされたファイルは、ストレージのコンテンツパネル内にリスト表示される。

手順2　仮想マシンの作成

Webインターフェイスのヘッダから「VMを作成」をクリックします。なおこのボタンは常にヘッダに表示されているので、リソースツリーはどこを選択していても構いません。

図 3-5　仮想マシンの作成を開始する手順

仮想マシンの作成ダイアログが開きます。このダイアログではディスクやCPU、メモリといった項目ごとに、対話的に仮想マシンを設定していきます。順に見ていきましょう。まずは仮想マシンの「全般」の設定です。

1. 全般

「ノード」は、仮想マシンが動作するProxmox VEの物理ノードの指定です。クラスターを組んでいる場合、ここで登録先のノードを選択できます。本章の例では、Proxmox VEはシングルノードで動作しているため、選択する必要はありません。なおクラスターについては第9章を参照してください。

図3-6 「全般」の設定画面
ここでは仮想マシンのVM IDと名前を決める。

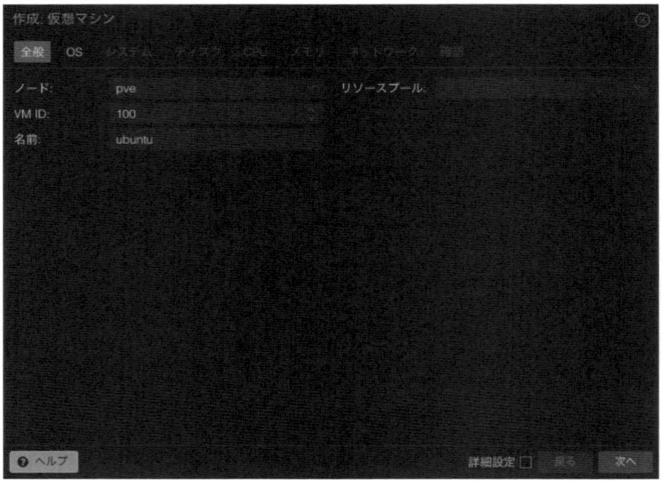

「VM ID」は仮想マシンごとに割り当てられる、固有の番号です。デフォルトで100から始まり、仮想マシンを作るたびにインクリメントされていきます。現時点で割り当て可能な、最も小さい番号が自動的に入力されるため、通常は変更する必要はありません。ただし仮想マシンを削除してVM IDの並びが歯抜けの状態になった場合、その空いたVM IDが自動的に再利用されます。この挙動が問題となる場合があるため、もしも特定のVM IDを割り当てたい場合は、ここに数字を入力してください。なお設定できるVM IDの上限は「999999999」です。

「名前」は仮想マシンの表示名です。リソースツリー上での表示にも使われるため、仮想マシンを識別できるよう、わかりやすい名前を付けましょう。

「リソースプール」とは、仮想マシンやコンテナをまとめる論理的なグループのことです。複数人でProxmox VEを運用する際、全員がすべての仮想マシンにアクセスできると問題となることもあります。そこでチームごとにリソースプールを作り、ユーザーごとにアクセスできるリソースプールを限定することで、アクセス制限が可能になります。本書ではリソースプールは使用しないため、空欄のまま進めてください。

必要な情報を入力できたら「次へ」をクリックして進めてください。以降の項目でも同様に、最後は「次へ」をクリックして先に進めるようにしてください。

2. OS

仮想マシンにインストールするOSの種類とバージョン、インストール元となるメディアを指定します。

ここでは、先ほどアップロードしたISOイメージファイルを利用するので、「CD/DVDイメージファイル(iso)を使用」を選択してください。「ストレージ」はファイルをアップロードした「local」を選択します。すると「ISOイメージ」のプルダウンに、「local」ストレージ内のISOイメージファイルがリストアップされるので、使用したいファイルを選択してください。ここでは「ubuntu-24.04.1-live-server-amd64.iso」を選択します[*3]。

「ゲストOS」の「種類」は「Linux」、「バージョン」は「6.x - 2.6 Kernel」を選択します。

図3-7 「OS」の設定画面
インストールメディアとOSのバージョンを入力する。

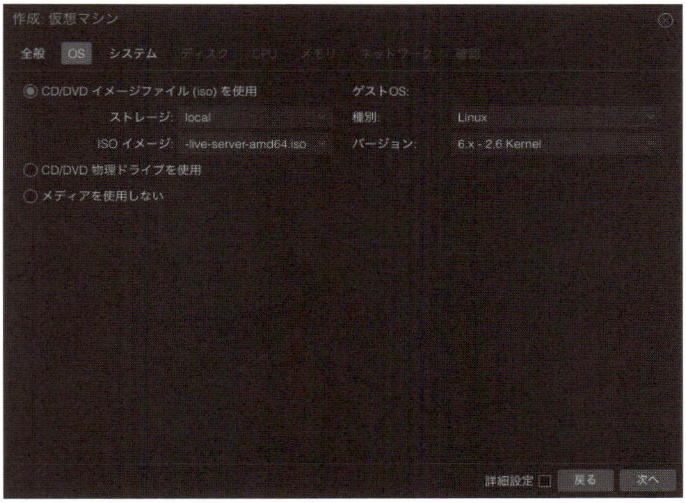

3. システム

システムが利用するグラフィックカード、チップセット、ファームウェア、SCSIコントローラーといった周辺機器の設定を行います。基本的にすべてデフォルトのままで問題ないので、そのまま「次へ」をクリックします。

[*3] 異なるバージョンやポイントリリースを使っている場合は、ファイル名も異なります。自分の環境に合わせて適宜読み替えてください。

図 3-8 「システム」の設定画面
基本的にデフォルトのままで問題ない。

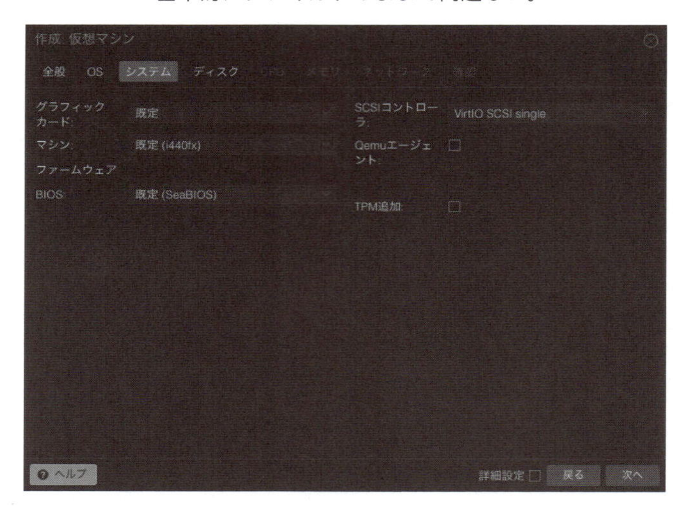

4. ディスク

仮想マシンに割り当て、OSをインストールするストレージを設定します。

図 3-9 「ストレージ」の設定画面
ストレージを確保する先と、そのサイズを設定する。

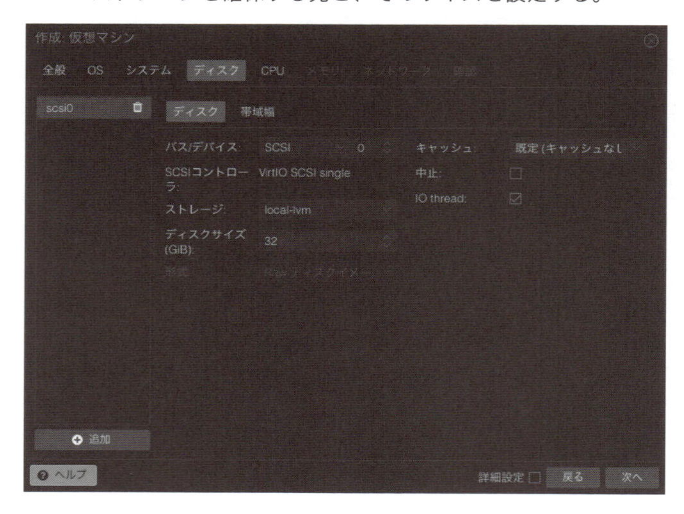

前述した通り、デフォルト状態のProxmox VEでは仮想マシンのストレージは「local-lvm」上に確保されるので、「ストレージ」は「local-lvm」を選択してください。「ディスクサイズ」は

文字通り確保するストレージのサイズになります。実際にどれだけの容量を確保するかは、その仮想マシンでの用途に依存します。本書の例を試すだけであれば、デフォルトの32GiBで十分でしょう。ちなみにUbuntu 24.04 LTS Serverは、最低でも25GB以上のストレージを確保することが推奨されています。それ以外はデフォルトのままで構いません。

「GB」と「GiB」について

コンピューター上のデータの大きさは、バイトという単位で表します。近年のストレージやデータは非常に大きいため、これにギガという接頭辞を付けて扱うことが一般的です。通常であれば、ギガは10の9乗（=10億）を表します。ですが2進数をベースとするコンピューターでは、2の30乗(=10億7374万1824)を指してギガと呼ぶこともあります。つまり1ギガバイトが表す数値は、10億ちょうどの場合もあれば、10億7000万以上の場合もあるのです。

両者の間にはかなりの数値的な差があるため、これは混乱の元となります。そこでこの二つを区別するため、2のべき乗数である後者を「ギビバイト」と呼ぶことがあり、「GiB」と表記します。同様に「キロバイト」に対する「キビバイト」や、「メガバイト」に対する「メビバイト」という単位もあり、それぞれ「KiB」「MiB」と表します。

5. CPU

仮想マシンに割り当てる、CPUのソケット数とコア数、CPUの種別を設定します。「ソケット」はCPUの数、「コア」はCPUごとのコア数です。つまりソケットを2、コアを2に設定すると、合計で4コアが割り当てられることになります。通常、マルチCPUを設定する必要はないでしょうから、ソケットは1のままとし、コア数だけを増減するのがお勧めです。ホストが搭載しているCPUのコア数と相談のうえ、仮想マシンの動作に必要なコアを割り当ててください。なお、本書の例を試す範囲であれば1コアでも十分です。

「種別」は仮想マシンに割り当てるCPUの種類です。現在のx86_64（Intel/AMDの64bit）CPUには、「大元のx86_64の仕様策定後に追加された拡張命令」というものが大量に存在します。新しいCPUにのみ実装されている拡張命令を使うようにバイナリをビルドすると、CPUの性能を引き出せる反面、そのバイナリは、命令が未実装のCPUでは動かなくなってしまいます。

Ubuntuをはじめとする Linuxディストリビューションの多くは、事前にビルドされたバイナリパッケージからインストールを行います。そこでパッケージをビルドする際に、「どれだけCPUに最適化するか」と、「どこまでのハードウェアをサポートするか」のライン引きという問題が発生します。そしてCPUの拡張命令への対応状況は、製品の世代はもちろん、ベンダーやモデルごとに微妙に異なることも珍しくありません。そのため、このライン引きすら一筋縄にはいきません。

そこで2020年に、こうした拡張命令の集まりが策定されました。これは「x86-64-v2」「x86-64-v3」「x86-64-v4」のようにレベル分けされており、コンパイラはこれらをターゲットとしてビルドすることで、「このバイナリは、この命令セットに対応したCPUであれば動く」ということを担保しています。例えばRed Hat Enterprise Linuxのバージョン9では、CPUのx86-64-v2対応が必須となっています（なおUbuntuの場合、現時点ではx86-64-v2への対応は必須ではありません。すべてのx86_64 CPUで動作します）。Proxmox VEでは、デフォルトで「x86-64-v2-AES」が選択されていますが、通常はここから変更する必要はありません。なお「Host」を選択すると、ホストマシンのCPUと同じ命令セットを、仮想マシンでも使えます。

図3-10 「CPU」の設定画面
仮想マシンに割り当てるCPUのリソースを設定する。

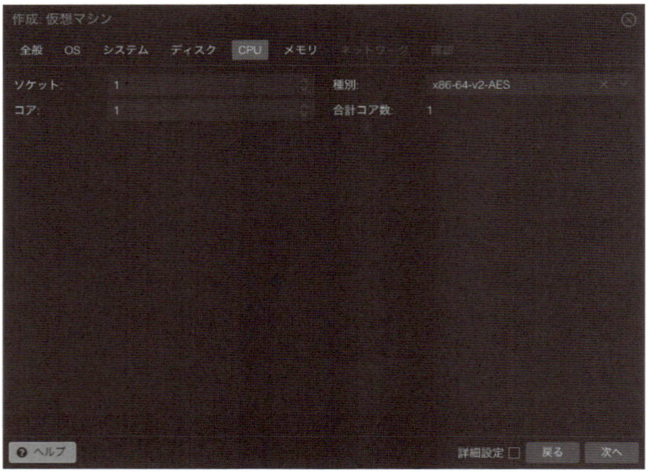

6. メモリ

仮想マシンに割り当てるメモリの容量を設定します。ゲストOSが要求するメモリの容量と、ホストOSが搭載するメモリの容量を考慮したうえで決定しましょう。Ubuntu 24.04 LTS Serverを動かすには、最低でも1GBのメモリが必要です。当然ですが、ゲストOS上で動かすアプリケーションによっても、必要なメモリ容量は変化するので、用途に応じて適宜変更してください。Ubuntu 24.04 LTS Serverの場合、可能であれば3GB以上のメモリを割り当てることが推奨されています。

図 3-11 「メモリ」の設定画面
仮想マシンに割り当てるメモリの容量を設定する。

7. ネットワーク

仮想マシンが接続するネットワークを設定します。Proxmox VEをインストールすると、デフォルトで「vmbr0」というブリッジインターフェイスが作成されています。このブリッジに接続することで、仮想マシンをホストマシンと同じネットワークに参加させることができます。本章では、このデフォルト設定を利用するので特に変更すべき項目はありません。なおネットワークについて詳しく知りたければ、第7章を参照してください。

図 3-12 「ネットワーク」の設定画面
仮想マシンのネットワークを設定する。

8. 確認

最後に、ここまでに設定した情報が一覧表示されます。問題がなければ「完了」をクリックして、仮想マシンの作成を完了してください。もし修正したい項目があれば、適宜「戻る」ボタンをクリックして該当する設定画面に戻り、修正してください。

図 3-13 「確認」の画面

作成: 仮想マシン

全般　OS　システム　ディスク　CPU　メモリ　ネットワーク　確認

Key ↑	Value
cores	2
cpu	x86-64-v2-AES
ide2	local:iso/ubuntu-24.04.1-live-server-amd64.iso,media=cdrom
memory	2048
name	ubuntu
net0	virtio,bridge=vmbr0,firewall=1
nodename	pve
numa	0
ostype	l26
scsi0	local-lvm:32,iothread=on
scsihw	virtio-scsi-single
sockets	1
vmid	100

☐ 作成後に起動

詳細設定 ☐　戻る　完了

■ 手順3　仮想マシンの起動

仮想マシンを作成すると、リソースツリーの該当ノード以下に「VM ID（仮想マシン名）」という表示で、仮想マシンが列挙されるようになります。ここから先ほど作成した仮想マシンをクリックしてください。

図 3-14　リソースツリーに追加された仮想マシン

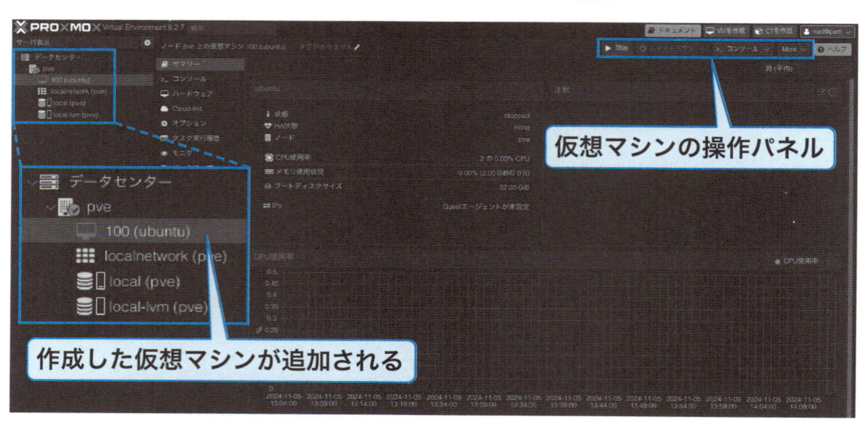

するとコンテンツパネルに、仮想マシンの情報が表示されます。ここで上部にある「開始」ボタンをクリックすると、仮想マシンが起動します。「開始」ボタンの右側にある「コンソール」ボタンをクリックすると、仮想マシンのコンソールをWebブラウザーで開き、実機と同様にキーボードとマウスで操作できます。

図 3-15　仮想マシンのコンソール画面

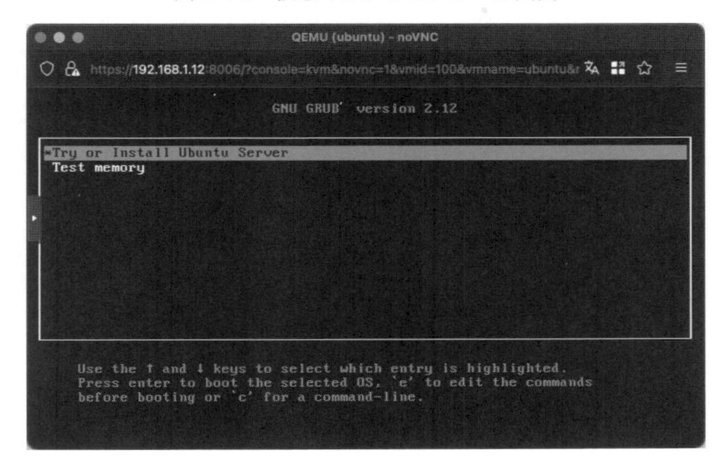

ここまでの設定が間違っていなければ、Ubuntu 24.04.1 LTS Serverのインストールメディアから、Ubuntu Serverのインストーラーが起動します。以降の作業は、通常のUbuntu Serverのインストールと同様です。チュートリアル[*4]を参考にして仮想マシンにUbuntu Serverをインストールしてください。

[*4] https://ubuntu.com/tutorials/install-ubuntu-server#1-overview

図 3-16　起動した Ubuntu 24.04.1 LTS Server のインストーラーの画面

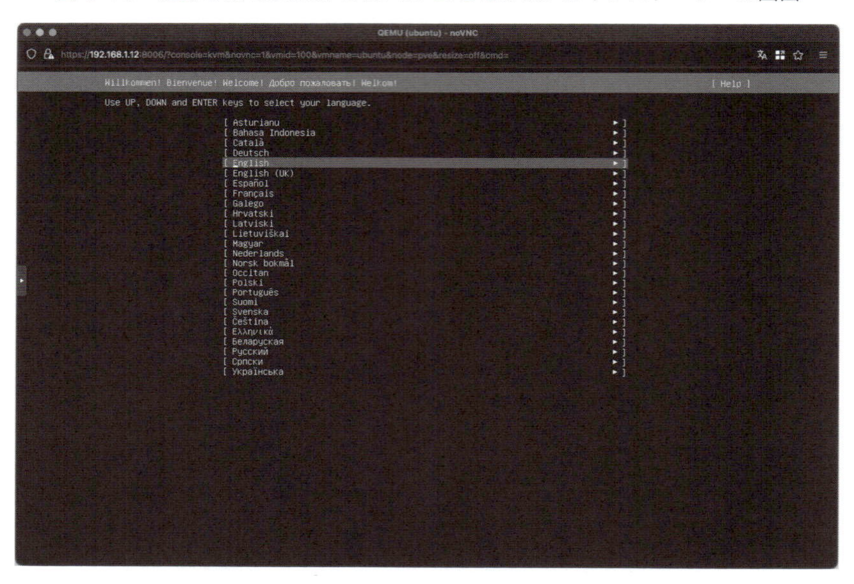

手順４　仮想マシンのシャットダウン

いまどきのOSが動作しているPCは、停止したくなったからといっていきなりコンセントを引き抜くようなことはしません。OS側で正しくシャットダウンの手続きを行うのがお作法です。仮想マシンといえどもこうした事情は変わりません。Ubuntu Serverであれば、OS上で「poweroff」コマンドを実行することで、安全にシャットダウンすることができます。ですがOSが暴走し、コマンドを受け付けなくなってしまったような場合もあるでしょう。

こうした場合はProxmox VE側から、実際のPCで電源ボタンを長押ししたときと同様に、仮想マシンを強制的に停止できます。リソースツリーから停止したい仮想マシンを選択し、コンテンツパネル上部にある「シャットダウン」ボタンの右側にある、下向きの矢印をクリックしてください。次のような選択項目が表示されます。

図 3-17　「シャットダウン」ボタンにあるプルダウンメニュー

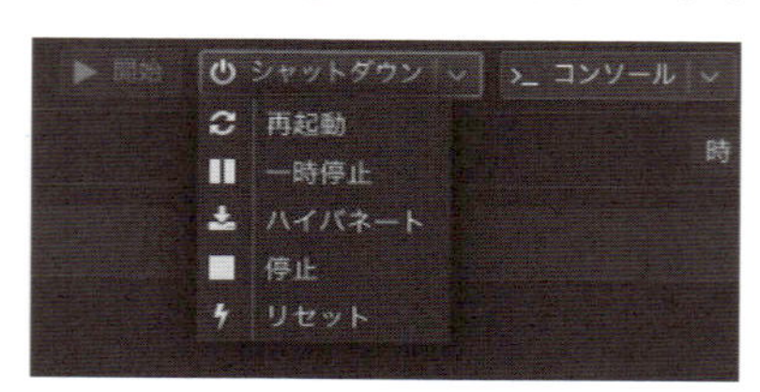

選択項目から「停止」をクリックすると、停止の確認ダイアログが表示されます。本当に停止してよければ「はい」をクリックします。

図 3-18　停止の確認ダイアログ

なお停止ではなく、再起動や仮想マシンの一時停止を行いたい場合も、このメニューから行えます。また、リソースツリー上で仮想マシンを右クリックすると表示されるコンテキストメニューからも、ほぼ同様の操作が可能です。自分にとって使いやすい方法で操作するとよいでしょう。ただし、こちらのメニューからは「リセット」が行えないなど、完全に同一ではありません。

図 3-19　リソースツリーで仮想マシンを選択して右クリックすると表示されるメニュー

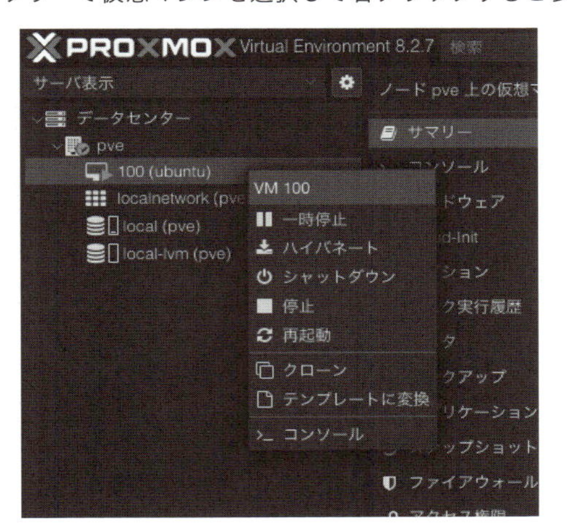

3-3 作成した仮想マシンを管理する

リソースツリーで仮想マシンを選択すると、その仮想マシンの詳細な情報がコンテンツパネルに表示されます。作成した仮想マシンを管理していくうえで必要な情報なので、どういった情報が表示されるのかを知っておくとよいでしょう。ここでは概要を紹介します。

サマリー

「サマリー」のコンテンツパネルでは、仮想マシンの起動状態、動作中のノード、CPUやメモリの使用率、ネットワーク転送量といった、仮想マシンの状態の簡易的なまとめが表示されます。仮想マシンの動作が遅いような場合は、ここからCPUやメモリの割り当てが不足していないか、確認してみるとよいでしょう。

図 3-20 「サマリー」のコンテンツパネルの画面

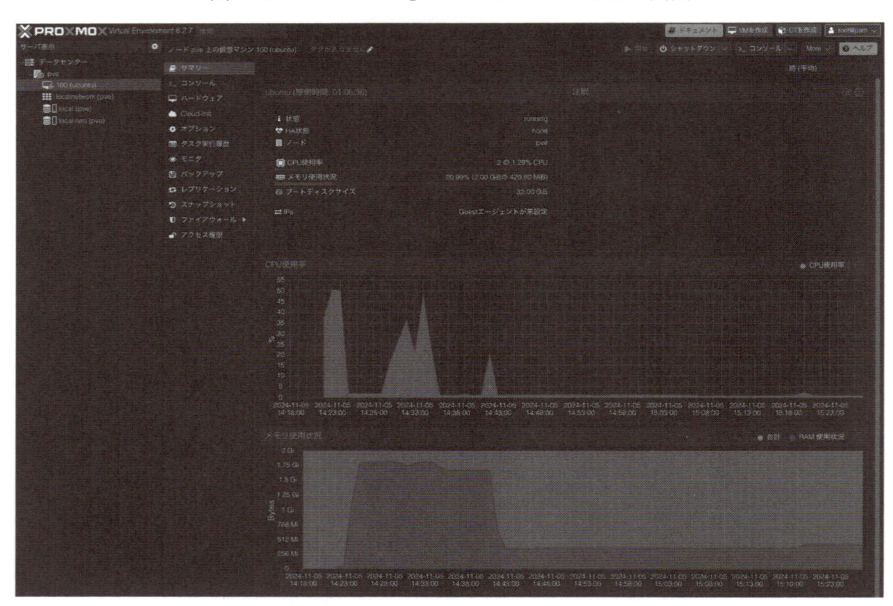

コンソール

「コンソール」のコンテンツパネルでは、仮想マシンのコンソールを操作することができます。新しいウィンドウで表示するか、コンテンツパネル内に表示するかという違いこそありますが、先ほどUbuntu 24.04.1 LTS Serverをインストールしたときに「コンソール」ボタンをクリックして表示したコンソールと、全く同一のものとなります。

図 3-21 「コンソール」のコンテンツパネルの画面
同じ Web ブラウザー内でコンソール画面が開く。

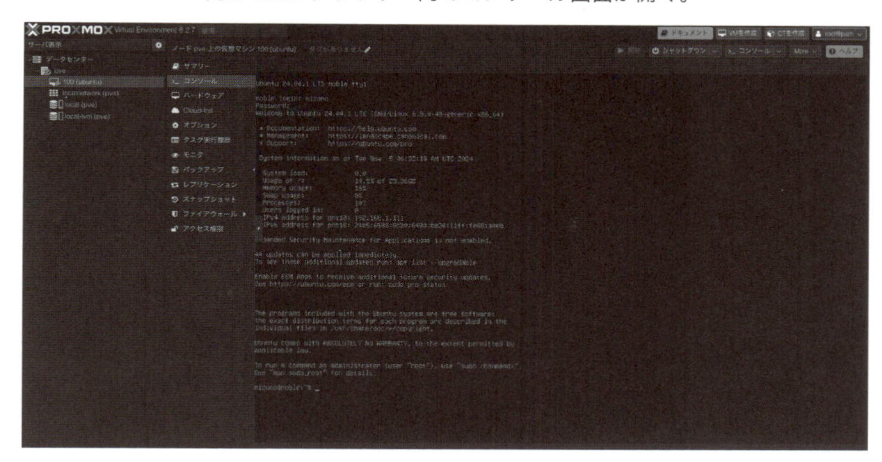

ハードウェア

「ハードウェア」のコンテンツパネルでは、仮想マシンの作成時に割り当てたCPUやメモリをはじめとする、仮想マシンを構成する（仮想的な）ハードウェアの情報が表示されます。CPUやメモリといった項目をクリックで選択したうえで「編集」ボタンをクリックすることで、割り当てるリソースの量を後から変更することもできます。

図 3-22 「ハードウェア」のコンテンツパネルの画面

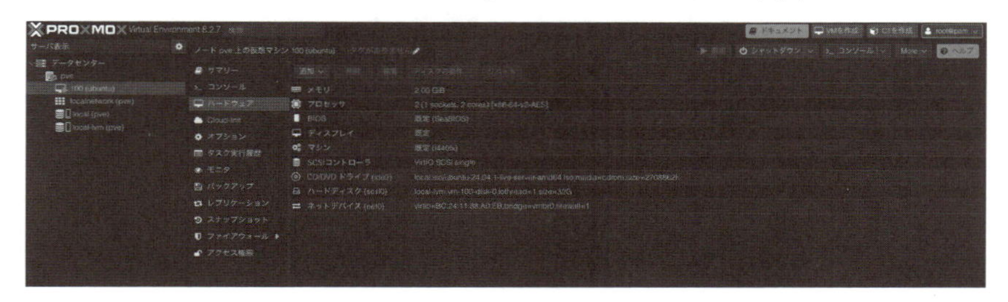

Cloud-Init

Cloud-Initとは、主にクラウド環境においてテンプレートから起動した仮想マシンの自律的な初期化をサポートするツールです。ユーザーの作成やパッケージのインストールといった、仮想マシンに個別に施したい設定をファイルとして記述し、初回起動時に読み込ませることで、仮想マシン自身に初期設定を行わせることができます。この設定ファイルを「Cloud-Init」のコンテンツパネルで管理できます。なお、前述の「ハードウェア」で仮想マシンにCloudInitデバイスを追加しておくと、追加したデバイスにある設定ファイルからユーザー名やパスワード、DNSサーバーなどを設定できます。本書ではCloud-Initは利用しないため詳しい解説は省きます。

図 3-23 「Cloud-Init」のコンテンツパネルの画面

オプション

「オプション」のコンテンツパネルでは、仮想マシンの名前、起動/停止順序、OS種別、仮想マシンの保護、自動起動の設定など、仮想マシンの運用に関連したオプションが表示されます。

図 3-24 「オプション」のコンテンツパネルの画面

前述の「ハードウェア」のコンテンツパネルと同様に、各項目の設定値を個別に変更することもできます。例えば「ブート時に起動」という項目はデフォルトで「いいえ」になっています。この項目を選択した状態で、上部にある「編集」をクリックしてください。次のダイアログが表示されるので、「ブート時に起動」にチェックを入れて「OK」をクリックします。以後、Proxmox VEが起動すると、この仮想マシンも自動的に起動するようになります。サーバー用途で利用するなど、常時起動している必要のある仮想マシンは、この設定を行っておくと便利です。

図 3-25 「ブート時に起動」の編集画面

タスク実行履歴

「タスク実行履歴」のコンテンツパネルでは、その仮想マシンに対して行われたタスクの履歴とログが確認できます。具体的なタスクの例としては、仮想マシンの作成、起動、コンソールの取得、バックアップなどがあります。

図 3-26 「タスク実行履歴」のコンテンツパネルの画面

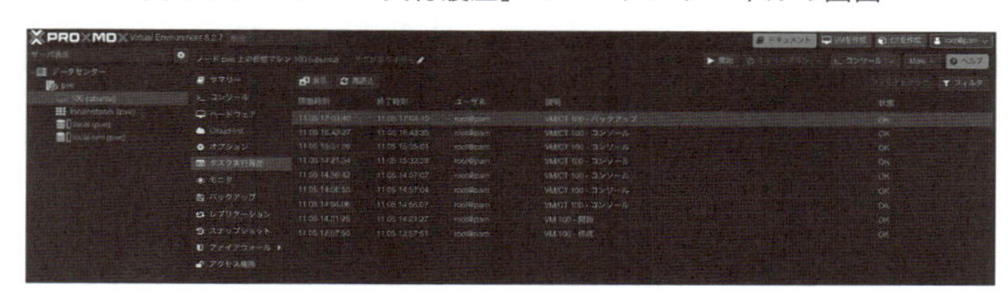

選択してから上部の「表示」をクリックすることで、詳細なログを確認できるタスクもあります。もしもバックアップなどのタスクでエラーが発生したときは、原因の調査に役立ちます。

図 3-27 タスクの詳細画面

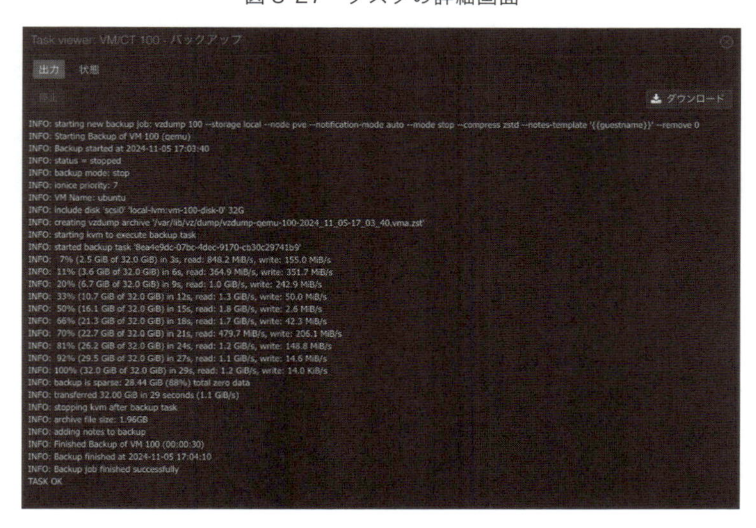

モニタ

「モニタ」のコンテンツパネルでは、QEMUのモニタ（監視）機能にアクセスすることができます。ここにコマンドを入力することで、Proxmox VEを経由することなく仮想マシンを直接管理することができます。ただしコマンドによるQEMUの直接制御は高度な機能となるため、本書では解説を省きます。

図3-28 「モニタ」のコンテンツパネルの画面

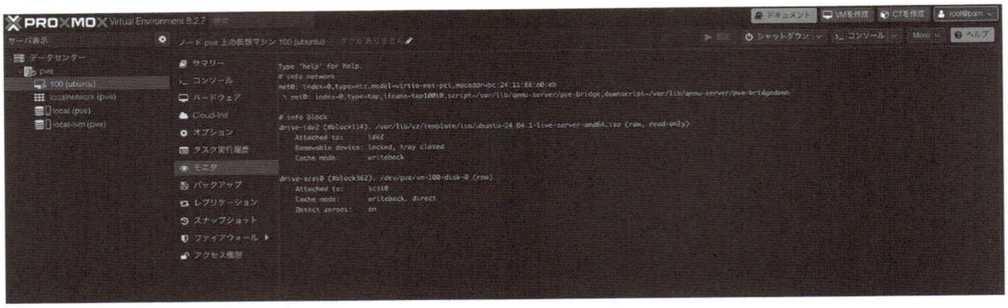

バックアップ

「バックアップ」のコンテンツパネルでは、仮想マシンのバックアップの取得やリストア、取得済みのバックアップの管理などが行えます。バックアップについて、詳しくは第8章を参照してください。

図3-29 「バックアップ」のコンテンツパネルの画面

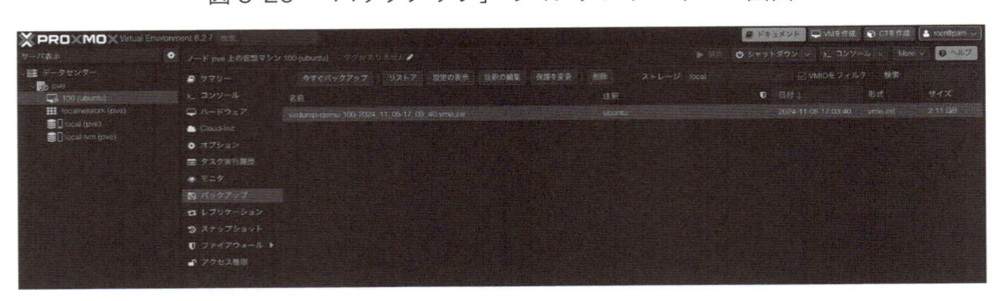

レプリケーション

複数のノードでクラスターを構築しており、ストレージにZFSを利用している場合、仮想マシンのストレージを別のノードに複製する「レプリケーション」機能が利用できます。これにより、ネットワーク共有ストレージを使用しないクラスターにおいても、仮想マシンを別のノードへ移行する「マイグレーション」にかかる時間を短縮できます。

レプリケーションは、あらかじめ設定された間隔で、自動的に実行されます。この実行タイミングを定義するのが「レプリケーションジョブ」です。「レプリケーション」のコンテンツパネルでは、この仮想マシンのレプリケーションジョブについて確認、および管理ができます。なおその特性上、シングルノード構成のProxmox VEでは利用できません。

図3-30 「レプリケーション」のコンテンツパネルの画面
ここではシングルノード構成のため利用できない。

スナップショット

スナップショットとは、ある瞬間を記録したものを指す言葉です。Proxmox VEでは、仮想マシンの設定、仮想マシンのストレージの内容、さらには起動中の仮想マシンのメモリの状態までを含む、「仮想マシンの今現在の状態」一式を、スナップショットとして記録、保存できます。バックアップはあくまでも設定やストレージのコピーに過ぎませんが、いつでも仮想マシンを「スナップショットを作成した瞬間」まで戻すことができるのが、スナップショットの特徴でありメリットです。

「スナップショット」のコンテンツパネルでは、スナップショットの取得や管理、スナップショットへのロールバックが行えます。スナップショットの詳細については第8章を参照してください。

図3-31 「スナップショット」のコンテンツパネルの画面

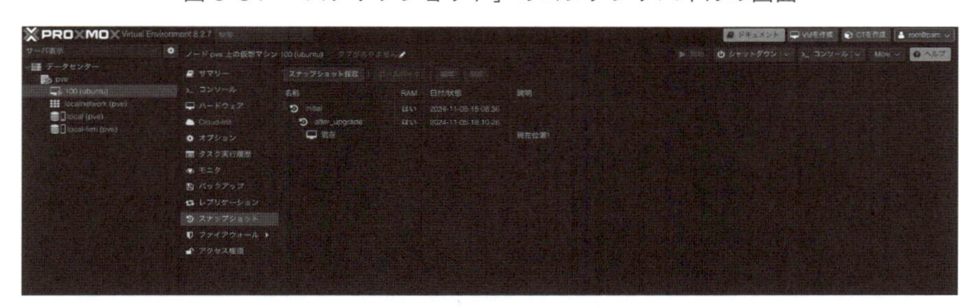

ファイアウォール

Proxmox VEでは仮想マシンを不正な通信から保護するため、ファイアウォールを設定できます。「ファイアウォール」のコンテンツパネルでは、仮想マシンやコンテナに固有のファイアウォールルールを設定できます。ファイアウォールはデータセンター全体、Proxmox VEノードごと、仮想マシンごとの三つのレベルで定義できます。仮想マシンにファイアウォールを設定するには、上位のデータセンター単位でファイアウォールを有効化しておく必要があります。

なお本書では、家庭や企業内の安全なネットワークでProxmox VEを運用することを前提としているため、ファイアウォールについての解説は省きます。

図3-32 「ファイアウォール」のコンテンツパネルの画面

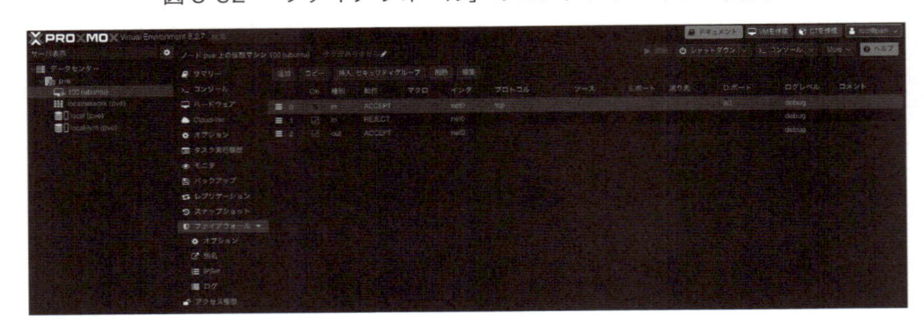

アクセス権限

リソースプールについて触れた際にも述べましたが、Proxmox VEはマルチユーザーなシステムです。ですが全員が、すべての仮想マシンを無制限に操作できるのは、セキュリティや管理運用上、問題となることもあります。「アクセス権限」のコンテンツパネルでは、この仮想マシンに対するアクセス権限を、ユーザーやグループごとに設定できます。例えばあるユーザーのアクセス権限を「NoAccess」とすると、そのユーザーからは、この仮想マシン自体が見えなくなります（リソースツリー上に表示されなくなります）。

なおユーザーとグループについては、高度な機能として付録Aで紹介しています。

図3-33 「アクセス権限」のコンテンツパネルの画面

3-4 仮想マシンのクローンを作成する

仮想マシンのメリットは、ハードウェアを含むすべてを、ソフトウェアとして管理できる点です。仮想マシンのストレージも、単なるファイルやストレージ上のボリュームなので、簡単にコピーすることができます。つまり仮想マシンはマシン全体の複製を、非常に低コストで作成できるのです。Proxmox VEにも、仮想マシンを複製する機能があります。

リソースツリーから、複製したい仮想マシンを選択してください。次にコンテンツパネルの上部に表示される「More」ボタンをクリックします。

図 3-34　仮想マシンを複製する手順

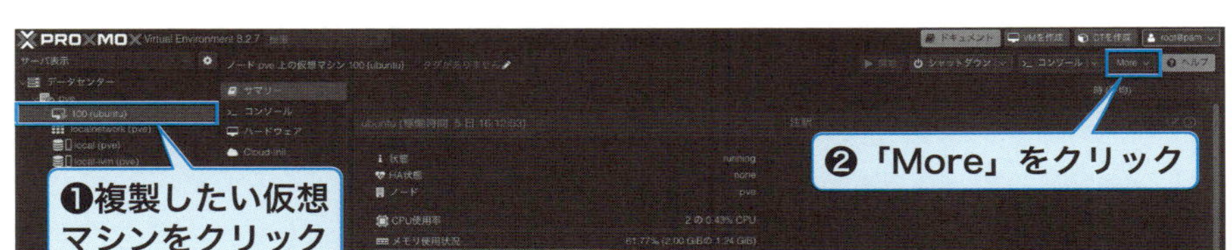

すると、プルダウンメニューが表示されるので、ここから「クローン」を選択します。

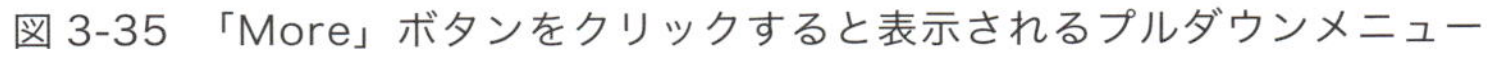
図 3-35　「More」ボタンをクリックすると表示されるプルダウンメニュー

クローンに関するダイアログが表示されます。

図 3-36　クローン先の仮想マシンの設定

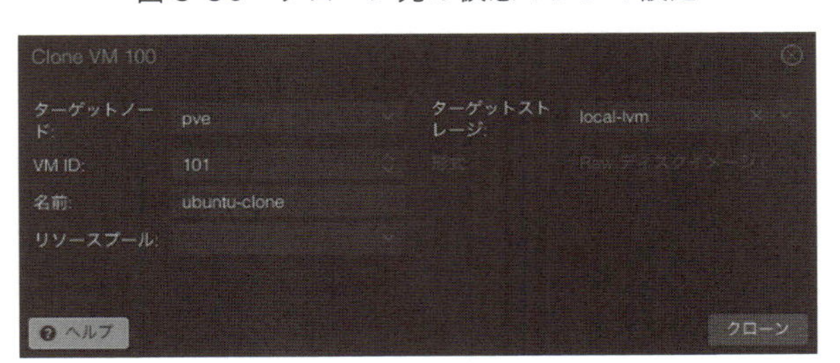

「ターゲットノード」は、クローンした仮想マシンを登録するノードです。クラスターを組んでいる場合は、登録先のノードを選択してください。シングルノードで動作している場合は、選択の余地はありません。

「VM ID」は、クローンした仮想マシンに割り当てるVM IDです。仮想マシンの新規作成時と同じルールで、空いているVM IDが自動的に割り当てられます。任意のIDを指定することもできます。

「名前」はクローンした仮想マシンの名前です。わかりやすい名前を付けましょう。

「ターゲットストレージ」は、クローンした仮想マシンのストレージを作成する場所です。

「リソースプール」は、クローンした仮想マシンをグループ化するためのリソースプールです。本書では省略します。

必要な設定を入力したら、「クローン」をクリックしてください。新しい仮想マシンのストレージが作成され、クローン元となるストレージの内容のコピーが行われます。クローンのタスクが完了するまで、しばらく待ちましょう。

図 3-37　複製後のリソースツリーの画面

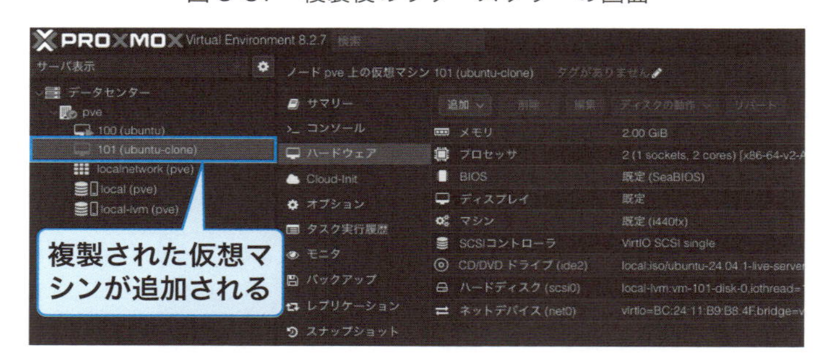

これで全く同じ内容を持つ、別の仮想マシンが作成されました。新しいアプリをインストールしてみたいけれど、うまく動くかわからないので今の環境にはインストールしたくないといったケースはよくあるでしょう。こうしたときも、仮想マシンを複製することで気軽に動作検証を行えます。

なお仮想マシンのクローン時は自動的に、ネットワークインターフェイスのMACアドレスの再生成が行われます。そのためMACアドレスの重複を心配する必要はありません。

3-5 仮想マシンを削除する

不要になった仮想マシンは削除してしまいましょう。仮想マシンが起動している状態では削除できないため、まずは仮想マシンをシャットダウンします。続いて仮想マシンのクローン時と同様に、リソースツリーから対象の仮想マシンを選択したうえで、コンテンツパネル上部にある「More」ボタンをクリックして「削除」を選択します。

図 3-38 「More」ボタンをクリックすると表示されるプルダウンメニュー

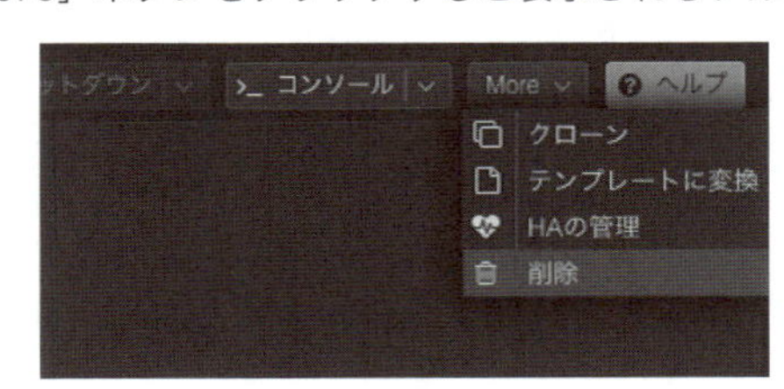

削除の確認ダイアログが表示されます。本当に削除してよいかの確認のため、対象の仮想マシンのVM IDを入力する必要があります。

図 3-39 削除の確認ダイアログ

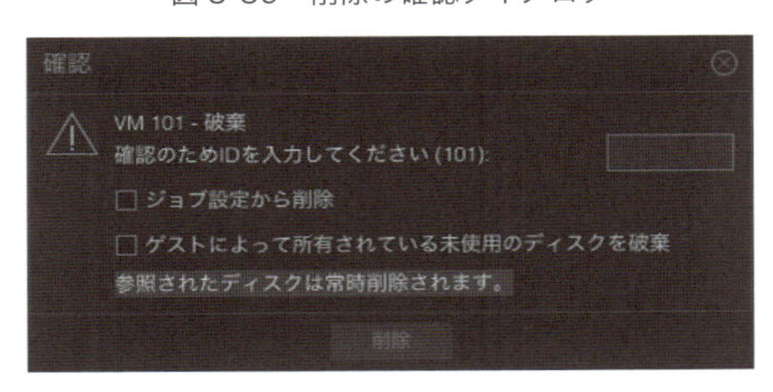

「ジョブ設定から削除」にチェックを入れると、このVM IDに関するバックアップジョブやレプリケーションジョブを同時に削除します。バックアップジョブについては第8章を参照してください。

「ゲストによって所有されている未使用のディスクを破棄」は、仮想マシンの設定から参照されていないものの、そのVM IDを持っているディスクをすべてのストレージから探し出し、破棄するためのオプションです。勘違いしやすい機能でもあるため、具体的な例を挙げて説明します。

■ 未使用状態でも削除されることに注意

仮想マシンの管理においてよくあるのが、「仮想マシンは削除したいが、念の為にデータは残しておきたい」といったケースです。これは主に、仮想マシンのストレージのみを保存しておくことで実現されます[*5]。Proxmox VEにも、ストレージを仮想マシンから取り外し（デタッチし）、未使用状態にする機能があります。

図3-40 「ハードウェア」のコンテンツパネルの画面
追加したディスク「vm-100-disk-1」を取り外し（デタッチし）、未使用にした状態。

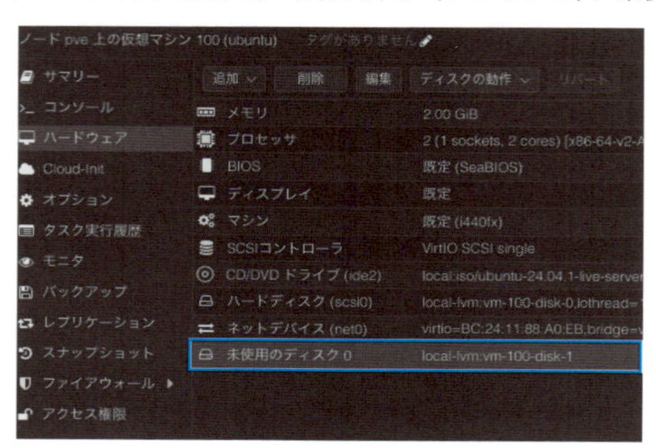

この状態で「ゲストによって所有されている未使用のディスクを破棄」のチェックを外して仮想マシンを削除すれば、仮想マシンで使用されているディスク（vm-100-disk-0）は同時に破棄されるものの、未使用になっているディスク（vm-100-disk-1）は保持されるという動作を期待する人が多いでしょう。ですが、このケースでは予想に反し、**チェックを入れても外しても両方のディスクが削除されてしまいます**。これはGUI上からディスクをデタッチしても、仮想マシンの構成ファイルからは依然として参照され続けるというProxmox VEの仕様によるものです。

[*5] 例えばクラウドサービスであるAmazon Web Services（AWS）でも、仮想マシンのストレージのみを保持するオプションが存在します。

図 3-41　削除対象の仮想マシンの構成ファイルの一例
「vm-100-disk-1」が「unused0」として参照され続けているのがわかる。

```
boot: order=scsi0;ide2;net0
cores: 2
cpu: x86-64-v2-AES
ide2: local:iso/ubuntu-24.04.1-live-server-amd64.iso,media
=cdrom,size=2708862K
memory: 2048
meta: creation-qemu=9.0.2,ctime=1730779071
name: ubuntu
net0: virtio=BC:24:11:3A:44:2C,bridge=vmbr0,firewall=1
numa: 0
onboot: 1
ostype: l26
scsi0: local-lvm:vm-100-disk-0,iothread=1,size=32G
scsihw: virtio-scsi-single
smbios1: uuid=c70d5727-c4fa-4568-9016-a2bb470851aa
sockets: 1
unused0: local-lvm:vm-100-disk-1
vmgenid: e64c8aca-3147-4dac-ad89-d3e654164548
```


未使用のディスクを保持したいのであれば、仮想マシンの構成ファイルを直接編集して「unused0」のエントリーを削除するか、Webインターフェイス上からディスクの所有者再割当を行い、別の仮想マシンに逃がすしかありません。どちらも高度な運用となるため、本書では解説を省きます。とりあえず、仮想マシンの「ハードウェア」欄に列挙されているディスクは、使用状態にかかわらず、すべて削除されると考えておいてください。

最後に「削除」をクリックすると、仮想マシンが削除されます。仮想マシンやディスクの削除は元に戻すことはできません。対象を取り違えたり、意図しない削除が発生しないよう、十分に気を付けてください。

3-6 仮想マシンにWindowsをインストールする

Proxmox VEの仮想マシンでは、LinuxだけでなくWindowsを動かすこともできます。基本的な流れこそLinuxの仮想マシンの作成と同じですが、Windowsに固有の設定がいくつか存在します。ここではWindows Server 2022のインストールを例に説明します。

まずUbuntu Serverのときと同様に、WindowsのインストールメディアをProxmox VEにアップロードしておいてください。

新規の仮想マシンを作成し、ノード、VM ID、仮想マシン名を決定します。

図 3-42 「全般」の設定画面

続いてISOイメージファイルとして、事前にアップロードしておいた、Windowsのインストールメディアを指定します。ゲストOSの「種別」は「Microsoft Windows」としてください。今回はWindows Server 2022をインストールするため、「バージョン」は「11/2022/2025」を選択します。

図 3-43 「OS」の設定画面

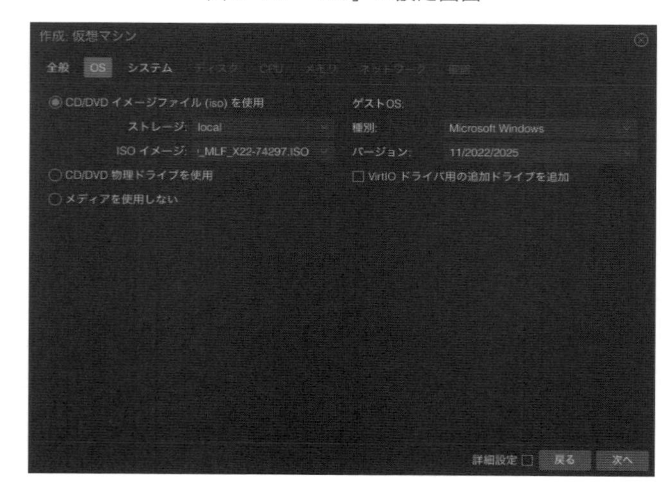

■「システム」と「ディスク」の設定に注意

Windows 11やWindows Server 2022では、レガシーBIOSがサポートされていません。そのためシステムをUEFIでブートする必要があります。「BIOS」を「OVMF(UEFI)」としたうえで、「EFIディスク追加」にチェックを入れてください[*6]。「EFIストレージ」には、仮想マシンのストレージと同じ、Proxmox VEのストレージを選択してください。ここではデフォルトのストレージである、「local-lvm」を選択しています。

Trusted Platform Module（TPM）とは、データの暗号化などに利用される半導体モジュールで、コンピューターのマザーボード上に実装されている部品です。Windows 11では、コンピューターがTPM 2.0を実装していることが要求されます（今回インストールするWindows Server 2022では、TPMは必須ではありません）。Proxmox VEは、仮想的なTPMである「vTPM」に対応しており、この機能を有効にすることで、Windows 11などのOSを動かすことができます。TPMを使用する場合は、「TPM追加」にチェックを入れたうえで、TPMストレージを指定してください。ここもEFIストレージと同じく、仮想マシンのストレージと同じもの（デフォルトではlocal-lvm）を指定しておくとよいでしょう。

図3-44 「システム」の設定画面
EFIとTPMの設定が必要。

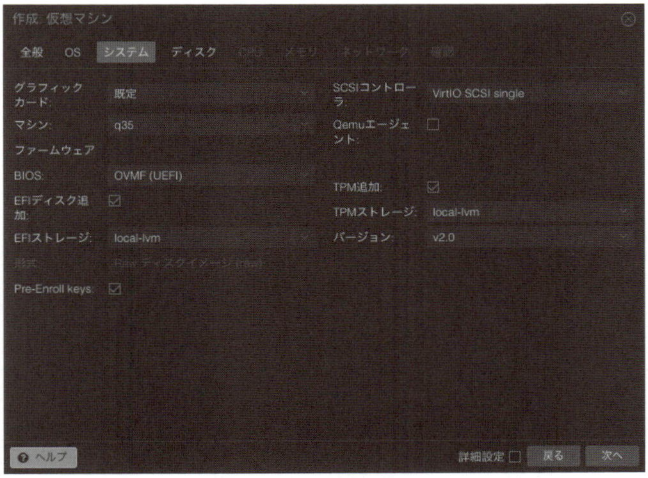

Windowsをインストールするうえで、気を付けなければならないのはディスクの設定です。後述するVirtIOを使用しない場合、ディスクの「バス」は「IDE」か「SATA」を選択してくださ

[*6] UEFIでブートするだけであれば、EFIディスク自体は追加しなくても問題ありません。ですがブートエントリの保存ができないといった制限が発生するため、EFIディスクは追加しておくことを推奨します。

い。もしここで「SCSI」を選択してしまうと、インストール時にストレージを認識できなくなってしまいます。

図 3-45 「ディスク」の設定画面
ディスクのバスは「IDE」か「SATA」を選択する。

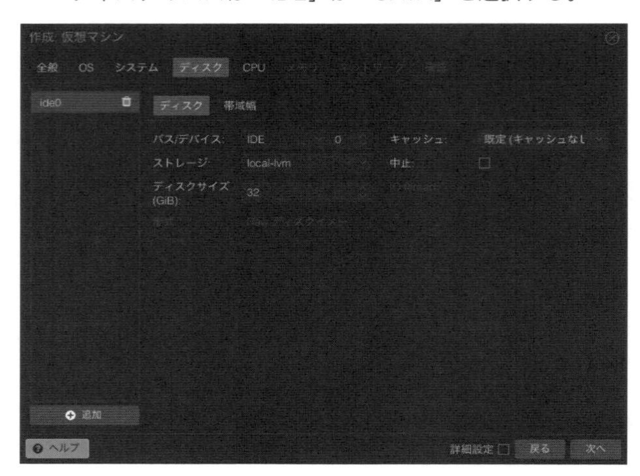

この後の「CPU」、「メモリ」、「ネットワーク」といった設定は、Ubuntuの仮想マシンと同じです。仮想マシンの作成が完了したら、後は通常通りWindowsのインストールを行ってください。

図 3-46 作成した仮想マシンを起動したコンソール画面
Windows のインストーラーが起動する。

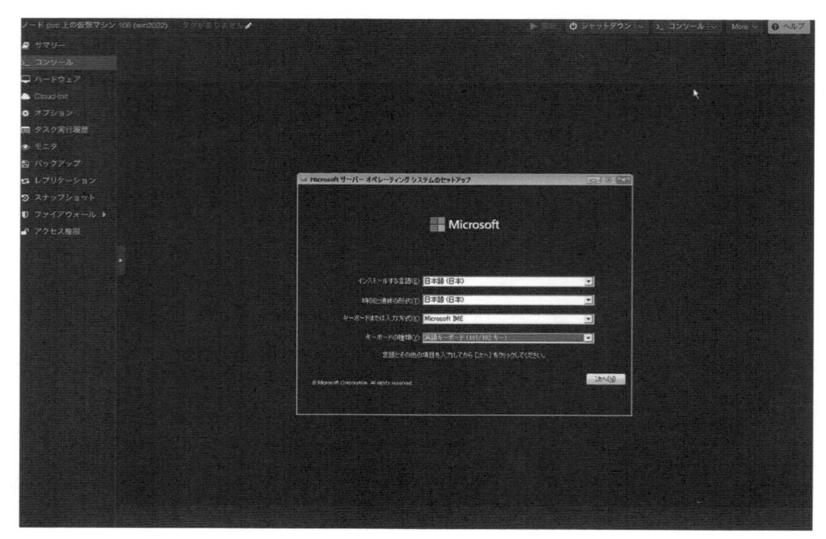

■［Ctrl＋Alt＋Delete］キーを入力する方法

Windows Server 2022へログインするには、ログイン画面で［Ctrl］キーを押しながら［Alt］キーを押し、さらに［Delete］キーを押す（以下、［Ctrl＋Alt＋Delete］キーと記載）必要があります。ですがProxmox VEのWebインターフェイスのコンソールは、このキー入力を受け付けてくれません。

コンソール画面の左端中央に配置されている、左向きの三角形が記載されたタブをクリックしてください。次のようなツールパレットが表示されるので、一番上にある「A」のボタンをクリックします。するとさらに、特定のキーを送信するためのパレットが開くので、「Ctrl」と「Alt」のボタンをクリックしてください。これでキーボードの［Ctrl］キーと［Alt］キーが押しっぱなしの状態となります。この状態でキーボードから［Delete］キーのみを押してください。すると仮想マシンには［Ctrl＋Alt＋Delete］キーが送信されます。

図3-47　特定のキーを送信するためのパレット
コンソール側で［Ctrl］キーと［Alt］キーの入力を制御する。

［Ctrl＋Alt＋Delete］キーを送信してパスワードの入力画面に遷移できたら、再度「Ctrl」と「Alt」のボタンをクリックして元の状態に戻しておきましょう。これを忘れてしまうと、［Ctrl］キーと［Alt］キーが押しっぱなしのままになってしまい、正しくパスワードを入力できないためです。

3-7 Windowsの仮想マシンでVirtIOドライバを利用する

仮想マシンは、ストレージやネットワークインターフェイスといったデバイスを、ソフトウェアによってエミュレーションしています。これを「完全仮想化」と呼びます。ハードウェアを完全に仮想化することで、ホストOSは物理マシンと仮想マシンの違いを意識することなく、同じように動かせるわけです。ですが完全仮想化はソフトウェアでエミュレーションを行う都合上、物理マシンと比較して、主にI/O（入力/出力）面のパフォーマンスで劣るという問題を抱えています。

完全仮想化に対し、「準仮想化」と呼ばれる手法があります。これはゲストOSに対し、仮想環境で動くことを前提とした修正を加え、より効率的にハイパーバイザーとやり取りを行う方式です。そして準仮想化環境で利用される、仮想デバイスフレームワークに「VirtIO」があります。VirtIOを利用することで、ネットワークやストレージへのアクセス速度を向上させることができます。ここではWindows Server 2022のインストール時に、VirtIOドライバを利用する手順を紹介します。

■ 仮想マシンは「SCSI」を選択して作成する

まずProxmox VEのVirtIOに関するドキュメント[*7]を参考に、最新のドライバのISOイメージファイルをダウンロードしてください。またダウンロードしたISOイメージファイルは、Windowsのインストールメディアと同じく、Proxmox VEのストレージにアップロードしておいてください。

仮想マシンを作成する際、ゲストOSの種別で「Microsoft Windows」を選択すると、その下に「VirtIOドライバ用の追加ドライブを追加」という項目が表示されるので、ここにチェックを入れてください。「ストレージ」はVirtIOのISOイメージファイルをアップロードしたストレージを、「ISOイメージ」にはVirtIOのISOイメージファイルを指定してください。

図3-48 「OS」の設定画面でVirtIOドライバ関連の設定を追加したときの画面
ISOイメージファイルはVirtIOドライバ用のものを利用する。

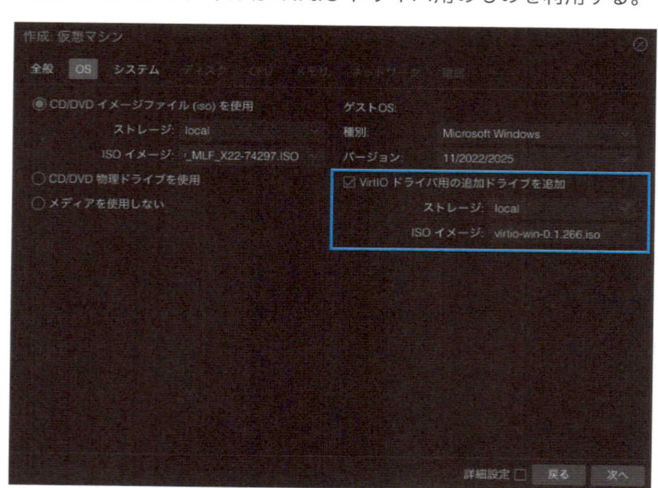

*7 https://pve.proxmox.com/wiki/Windows_VirtIO_Drivers

先ほどの仮想マシンの作成手順では、『VirtIOを使用しない場合、ディスクの「バス」は「IDE」か「SATA」を選択してください』と説明しました。今回はVirtIOを利用するため、ここを「SCSI」としてください。

図 3-49　「ディスク」の設定画面
バスに「SCSI」を指定する。

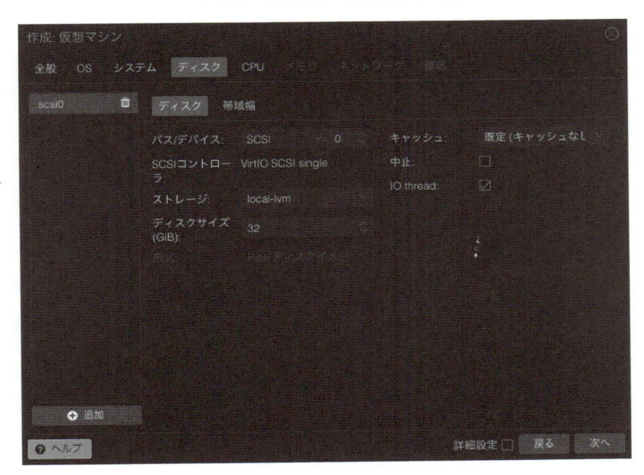

■ ドライバはOSのインストール時に読み込む

この状態でWindowsのインストーラーを起動すると、追加したはずのディスクが認識されていません。ここで「ドライバーの読み込み」をクリックします。

図 3-50　Windows のインストーラーでインストール先のディスクを選択する画面
「ドライバーの読み込み」をクリックする。

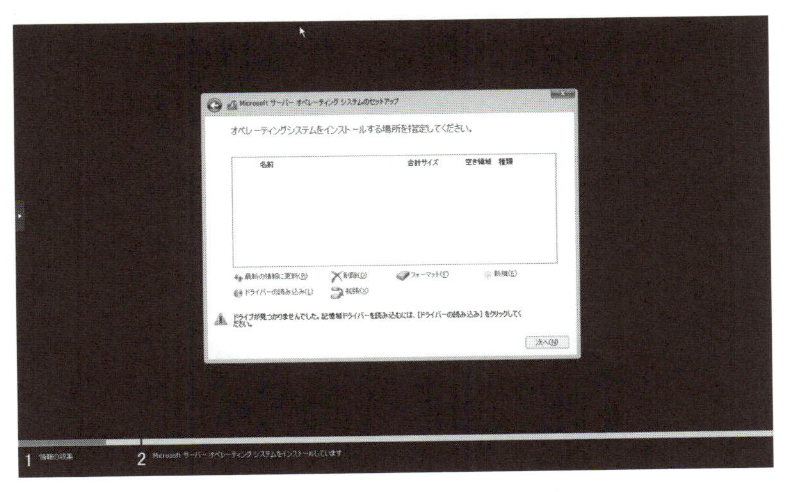

指定したVirtIOのドライバ用ISOイメージが読み込まれ、インストールできるドライバが列挙されます。Windowsのバージョンに合わせてドライバのファイルを選択してください。ここではWindows Server 2022をインストールしているため、「2k22」というフォルダ内のファイルを選択しています。

図 3-51 「インストールするドライバーの選択」の画面

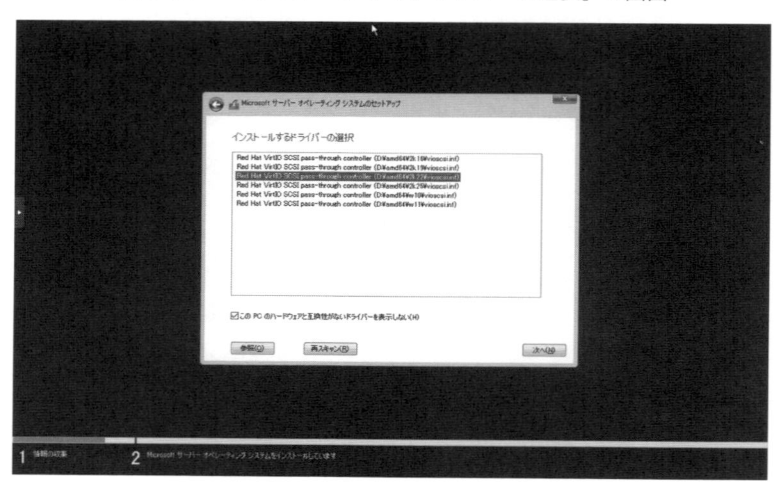

ドライバの読み込みが完了するとインストール先の選択画面に戻り、今度は正しくディスクが認識されています。後は通常通りにインストールを行ってください。

図 3-52 ドライバを読み込んだ後の「インストールするドライバーの選択」の画面

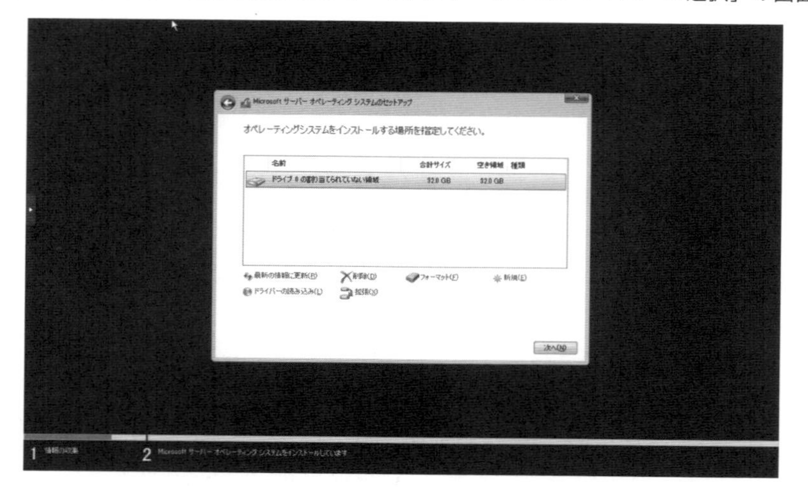

VirtIOを使用してインストールを行うと、インストール後もネットワークインターフェイスが認識されず、ネットワークに接続できない状態となっています。インストール時に使用したVirtIOのISOイメージファイルが、Dドライブにマウントされたままとなっているので、この中にある「virtio-win-gt-x64.exe」を実行してVirtIOのドライバのインストールを行ってください。

図3-53　VirtIOのドライバをインストールする手順

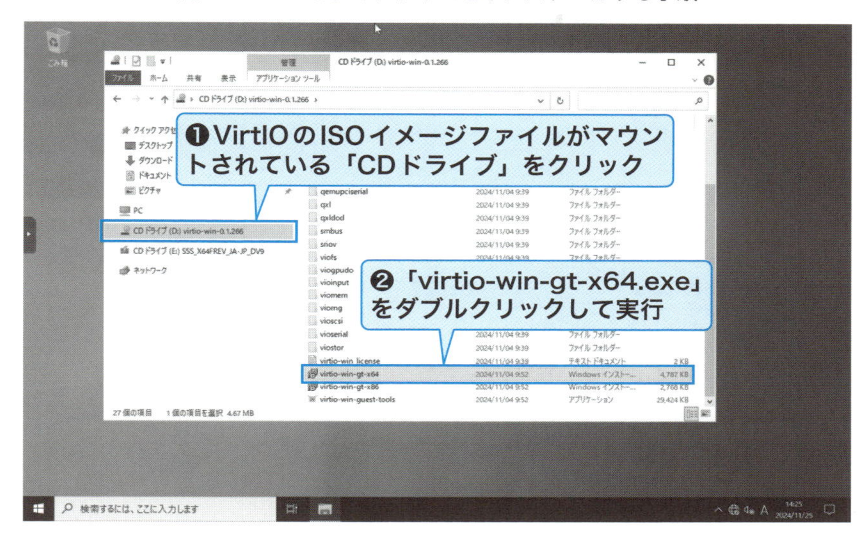

VirtIOのドライバを別途インストールするのは、少し手間に感じるかもしれません。ですがVirtIOの有無で、ストレージのアクセスに対して無視できないほどのパフォーマンス差が生じます。本格的に運用するのであれば、VirtIOの利用をお勧めします。

図 3-54 「CrystalMark Retro」を利用したベンチマーク結果
VirtIO ありの方がディスクアクセスが 2 倍近く高速になっていることがわかる。

VirtIOなし

All	2019			
CPU	シングル 6770		マルチ 12984	
ディスク	シーケンシャルリード 10373	ランダムリード 168	シーケンシャルライト 11824	ランダムライト 258
2D	テキスト 8259	スクウェア 19300	サークル 19235	イメージ 7789
3D	シーン1 488	シーン2 7	シーン1 (CPU) 87	シーン2 (CPU) 1

VirtIOあり

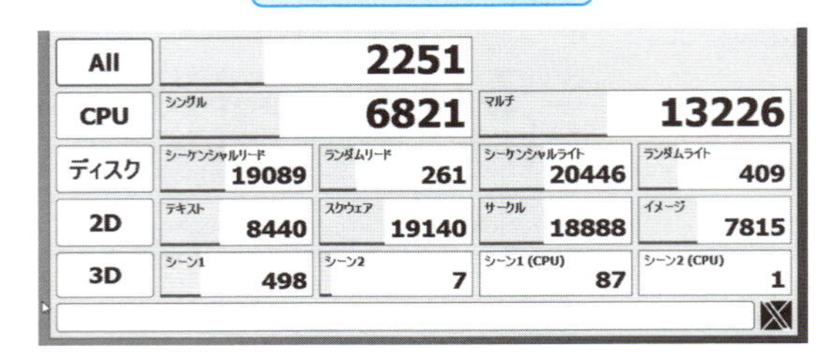

All	2251			
CPU	シングル 6821		マルチ 13226	
ディスク	シーケンシャルリード 19089	ランダムリード 261	シーケンシャルライト 20446	ランダムライト 409
2D	テキスト 8440	スクウェア 19140	サークル 18888	イメージ 7815
3D	シーン1 498	シーン2 7	シーン1 (CPU) 87	シーン2 (CPU) 1

第4章

コンテナを動かす

Proxmox VEは、仮想マシンだけでなくLXCベースのコンテナにも対応しています。本章ではコンテナを作成し、動かすまでの手順を紹介します。

4-1 仮想マシンとコンテナの違い

Linuxは、複数のプロセスが並行して動作する「マルチプロセス」のOSです。1台のPC上で複数のアプリケーションを同時に動かせるのも、マルチプロセスの恩恵によるものです。これを利用し、1台のサーバー上でWebサーバーとデータベースサーバーを同時に動かすといったことも、一般的に行われています。ですが、これには問題もあります。同じOS上で動くプロセス同士は、ルートファイルシステム、ネットワークインターフェイス、IPアドレス、プロセス名前空間、ユーザー名前空間といったリソースを共有します。そのため、アプリケーションごとにOSレベルの設定ファイルを分けることはできませんし、TCP/IPのポート番号も奪い合いになってしまいます。

こうした競合を解決するには、アプリケーションごとに専用の実行環境を用意する必要があります。これはすなわち、アプリケーションごとに専用のサーバーとOSを用意するということに他なりません。ですがアプリケーションの数だけ物理的なサーバーを調達するには、主に費用や設置場所といった問題が立ちはだかります。

この問題を解決したのが仮想マシンです。アプリケーションごとに専用の仮想マシンを用意することで、簡単にOSを占有させることが可能になりました。また仮想マシンを使えば、1台の物理的なサーバー上に、複数の仮想的なサーバーを集約できます。これによってハードウェアの調達費用や、設置場所の問題もクリアできるようになったのです。実際2000年代の後半頃からのITインフラは、複数の仮想マシンを並べる運用が一般的となっています。Proxmox VEの導入を検討しているような方であれば、このあたりの事情は、既に十分に理解されているでしょう。

ですが、仮想マシンにも問題がないというわけではありません。特に問題となるのがリソース消費量の多さと、仮想化によるオーバーヘッドです。仮想マシンは、それぞれが独自のOSを実行します。単にプロセスを一つ起動したいだけであっても、カーネルを含むOS一式を必要とするのは非常に効率が悪く、CPUやメモリを無駄に消費してしまいます。またアプリケーションを起動するためには、OSから起動しなければならないため、起動にかかる時間も無視できません。そして仮想マシンと物理マシンの間にはハイパーバイザーが存在するため、決して少なくないオーバーヘッドが発生します。またそれぞれの仮想マシンに対して、セキュリティアップデートなどのメンテナンスも必要となり、仮想マシンの台数が増えるほど、管理コストも跳ね上がっていきます。

■ コンテナはプロセスを閉じ込めた箱のイメージ

そこで仮想マシンに代わって、現在のアプリケーション実行環境として注目されているのが「コンテナ」です。

コンテナ（Container）とは、容器や入れ物を意味する英単語です。何かを入れるもの全般を意味する言葉ですが、日本語で「コンテナ」と言った場合は、貨物の輸送のため、トラックや列車に積載されている箱を指すことが多いでしょう。そしてLinuxの文脈におけるコンテナとは、OS上に専用の空間を作り出し、その中でプロセスを起動する仕組みの総称です。プロセスをコンテナという箱の中に閉じ込め、ホストOSから隔離するイメージです。

各コンテナは専用のルートファイルシステムに加え、ホストOSからは独立した名前空間やIPアドレスを持ちます。そのため他のプロセスに干渉されることなく、あたかもOSを専有しているかのように振舞えるのです。それでいてホストOSから見れば、各コンテナは単にプロセスが起動しているだけに過ぎません。そのため仮想マシンと比較して非常に軽量で、オーバーヘッドも少なく、高速に動作します。また仮想マシンと同様に、コンテナごとに割り当てるCPUやメモリの量を制限することもできます。これはLinuxカーネルの「namespace」や「cgroup」といった技術によって実現されています。

図 4-1　物理マシン、仮想マシン、コンテナの違い

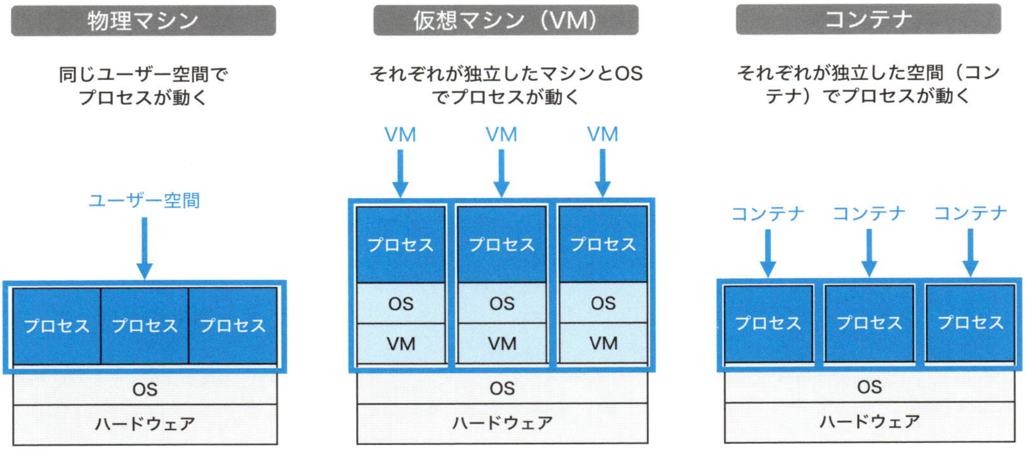

ただし、コンテナはあくまでホストOS上で起動するプロセスです。独立してOSを起動する仮想マシンとは異なり、すべてのコンテナはホストOSとカーネルを共有しているという点には注意が必要です。例えば特殊なモジュールを動かすため、厳密にバージョンを指定したカーネルを動かしたいといった用途には向きません。

4-2 DockerとLXCの違い

本書を手に取るような方であれば、「Docker」という名前くらいは聞いたことがあるのではないでしょうか。Dockerは現在、世界で最も普及しているとみられるコンテナ実行環境です。Dockerは自身を「アプリケーションを開発、転送、実行するためのプラットフォーム」と定義しており、その特徴は、単一のアプリケーションを隔離することに特化したコンテナである点です。こうしたコンテナを「アプリケーションコンテナ」と呼びます。

図4-2　Dockerで動作しているUbuntuコンテナ内部のプロセスリストの例
シェルであるbashのプロセスしか起動していない。

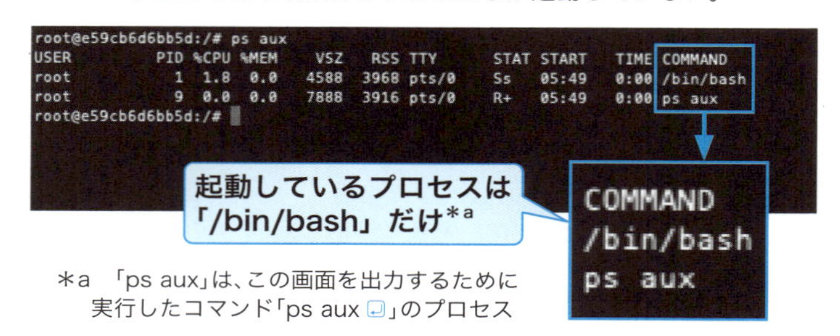

*a 「ps aux」は、この画面を出力するために実行したコマンド「ps aux ⏎」のプロセス

Dockerに代表されるアプリケーションコンテナは、特定のアプリケーション（例えばWebサーバーなど）のみを動かすことを前提に構築されているため、コンテナ内部にフル機能のLinux環境が含まれているわけではありません。DockerはOSを動かす仮想マシンよりも、むしろアプリケーションを配布するパッケージシステムの延長にあるようなシステムだといえるでしょう[*1]。そのため、Dockerは仮想マシンのようにLinuxシステム一式を動作させる用途には向いていません。

これに対して、まさに軽量な仮想マシンのように使うことを目的としているコンテナも存在します。それが「システムコンテナ」です。システムコンテナとは、文字通りLinuxシステム全体をコンテナ化したものです。アプリケーションコンテナと同様に、カーネルこそホストOSと共有するものの、コンテナ内部では、LinuxのOSを構成するシステム一式が動作しています。

*1 実際、Ubuntuで利用されているユニバーサルパッケージシステムの「Snap」は、Dockerと非常によく似た設計思想を持っています。

図 4-3　アプリケーションコンテナとシステムコンテナの違い

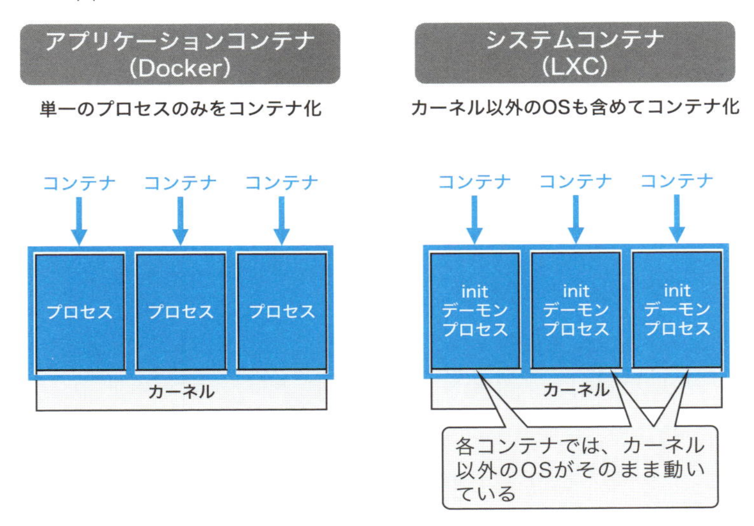

そして、システムコンテナの実行環境として広く利用されているのが「LXC」です。専用のカーネルを動かしたり、ハードウェア一式をエミュレーションする必要がないのであれば、LXCは仮想マシンよりもさらに手軽に使える仮想環境だといえるでしょう。

図 4-4　LXC で動作している Ubuntu コンテナ内部のプロセスリストの例
init 以下、複数のプロセスが起動しているのがわかる。

```
root@ubuntu-ct:~# ps aux
USER         PID %CPU %MEM    VSZ   RSS TTY      STAT START   TIME COMMAND
root           1  0.0  2.3  21456 12544 ?        Ss   09:36   0:00 /sbin/init
root          72  0.0  2.1  33952 11260 ?        Ss   09:36   0:00 /usr/lib/systemd/systemd-journald
systemd+     113  0.0  1.7  18984  9344 ?        Ss   09:36   0:00 /usr/lib/systemd/systemd-networkd
systemd+     166  0.0  2.4  21576 12800 ?        Ss   09:36   0:00 /usr/lib/systemd/systemd-resolved
root         227  0.0  1.6  18012  8576 ?        Ss   09:36   0:00 /usr/lib/systemd/systemd-logind
root         229  0.0  0.4   3808  2176 ?        Ss   09:36   0:00 /usr/sbin/cron -f -P
message+     230  0.0  0.9   9540  5120 ?        Ss   09:36   0:00 @dbus-daemon --system --address=systemd: --nofork --nopidfile --systemd-activ
root         233  0.0  3.8  29396 20352 ?        Ss   09:36   0:00 /usr/bin/python3 /usr/bin/networkd-dispatcher --run-startup-triggers
root         240  0.0  8.7 1726564 46032 ?       Ssl  09:36   0:00 /usr/bin/containerd
root         245  0.0  0.3   2732  1792 pts/0    Ss+  09:36   0:00 /sbin/agetty -o -p -- \u --noclear --keep-baud - 115200,38400,9600 linux
root         246  0.0  0.8   6804  4608 pts/1    Ss   09:36   0:00 /bin/login -p --
root         247  0.0  0.3   2732  1792 pts/2    Ss+  09:36   0:00 /sbin/agetty -o -p -- \u --noclear - linux
root         248  0.0  1.5  12020  7936 ?        Ss   09:36   0:00 sshd: /usr/sbin/sshd -D [listener] 0 of 10-100 startups
syslog       263  0.0  0.9 152872  5120 ?        Ssl  09:36   0:00 /usr/sbin/rsyslogd -n -iNONE
root         278  0.0 14.0 1830416 73472 ?       Ssl  09:36   0:00 /usr/bin/dockerd -H fd:// --containerd=/run/containerd/containerd.sock
root         607  0.0  0.9  42848  4744 ?        Ss   09:36   0:00 /usr/lib/postfix/sbin/master -w
postfix      609  0.0  1.4  43296  7552 ?        S    09:36   0:00 pickup -l -t unix -u -c
postfix      610  0.0  1.4  43336  7552 ?        S    09:36   0:00 qmgr -l -t unix -u
root         696  0.0  0.9   5628  4736 pts/1    S+   09:36   0:00 -bash
root         706  0.0  1.7  15236  9072 ?        Ss   09:36   0:00 sshd: root@pts/3
root         710  0.0  2.0  19836 10752 ?        Ss   09:36   0:00 /usr/lib/systemd/systemd --user
root         711  0.0  0.6  21152  3376 ?        S    09:36   0:00 (sd-pam)
root         735  0.0  0.9   5624  4736 pts/3    Ss   09:36   0:00 -bash
root         744  0.0  0.7   7892  3968 pts/3    R+   09:37   0:00 ps aux
root@ubuntu-ct:~#
```

Proxmox VEは、QEMU/KVMの仮想マシンの他に、LXCを利用したシステムコンテナの動作をサポートしています。

4-3 コンテナの作成と起動

それではLXCコンテナを作成して起動するまでの手順を、ステップバイステップで解説します。仮想マシンと同様に、ここでもデフォルト設定でインストールした状態のProxmox VE 8.2.7を前提に解説します。自分がインストールしたProxmox VEの環境と異なる部分は、適宜読み替えてください。

■ 手順1　コンテナイメージのダウンロード

自分でOSをインストールする仮想マシンとは異なり、コンテナは「テンプレート」から作成します。コンテナテンプレートは自作することもできますが、公式に公開されているものを利用するのが手軽です。そこで、まずはテンプレートをダウンロードしましょう。

コンテナテンプレートのファイルは、仮想マシン用のISOイメージファイルと同じく「local」ストレージに保存します。リソースツリーから「local」をクリックしたら、コンテンツパネルで「CTテンプレート」を選択します。

図4-5　コンテナテンプレートをダウンロードする手順

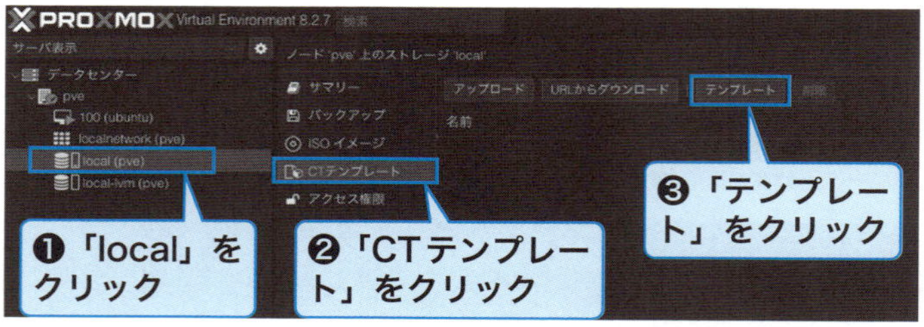

開いたコンテンツパネル上部にある「テンプレート」ボタンをクリックすると、公開されているテンプレートの一覧がウィンドウに表示されます。

図 4-6　コンテナテンプレートの一覧

テンプレート

検索

種別	パッケージ	バージ...	説明
⊟ Section: mail (2 Items)			
lxc	proxmox-mail-gateway-8.1-standard	8.1-1	Proxmox Mail Gateway 8.1
lxc	proxmox-mailgateway-7.3-standard	7.3-1	Proxmox Mailgateway 7.3
⊟ Section: system (18 Items)			
lxc	alpine-3.18-default	20230607	LXC default image for alpine 3.18 (20230607)
lxc	alpine-3.20-default	20240908	LXC default image for alpine 3.20 (20240908)
lxc	alpine-3.19-default	20240207	LXC default image for alpine 3.19 (20240207)
lxc	almalinux-9-default	20240911	LXC default image for almalinux 9 (20240911)
lxc	ubuntu-22.04-standard	22.04-1	Ubuntu 22.04 Jammy (standard)
lxc	archlinux-base	202409...	ArchLinux base image.
lxc	devuan-5.0-standard	5.0	Devuan 5 (standard)
lxc	fedora-40-default	20240909	LXC default image for fedora 40 (20240909)
lxc	debian-12-standard	12.7-1	Debian 12 Bookworm (standard)
lxc	opensuse-15.5-default	20231118	LXC default image for opensuse 15.5 (20231118)
lxc	centos-9-stream-default	20240828	LXC default image for centos 9-stream (20240828)
lxc	rockylinux-9-default	20240912	LXC default image for rockylinux 9 (20240912)
lxc	ubuntu-20.04-standard	20.04-1	Ubuntu Focal (standard)
lxc	opensuse-15.6-default	20240910	LXC default image for opensuse 15.6 (20240910)

ダウンロード

ここでは例として、Ubuntuのコンテナを起動してみましょう。検索フィールドに「ubuntu」と入力して、テンプレートを絞り込んでください。そして最新のUbuntuである「ubuntu-24.04-standard」を選択して「ダウンロード」をクリックします。

図 4-7　Ubuntu 24.04 LTS のコンテナテンプレートをダウンロードする手順

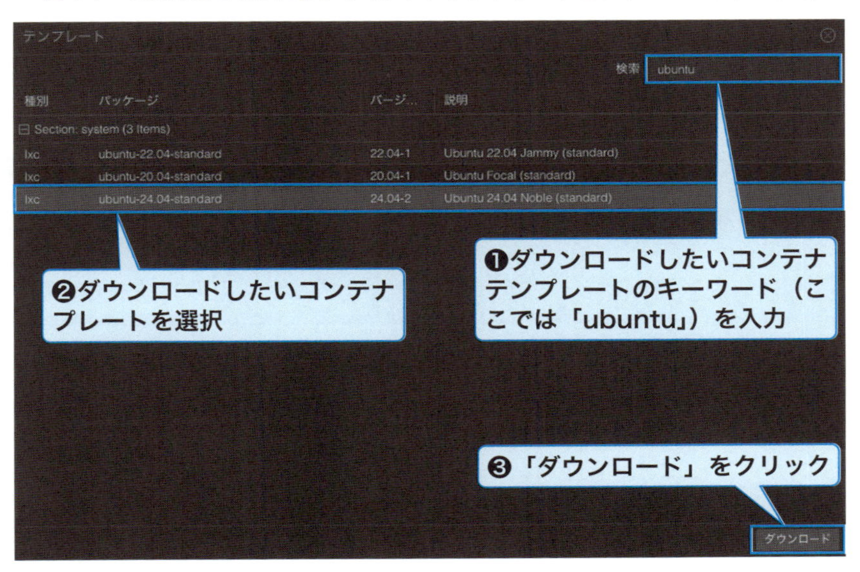

ダウンロードタスクが実行されるので、完了するまで待ちましょう。

図4-8　ダウンロードを実行するタスクビューアーの画面
ダウンロードが完了したら右上の「閉じる」ボタンをクリックして画面を閉じる。

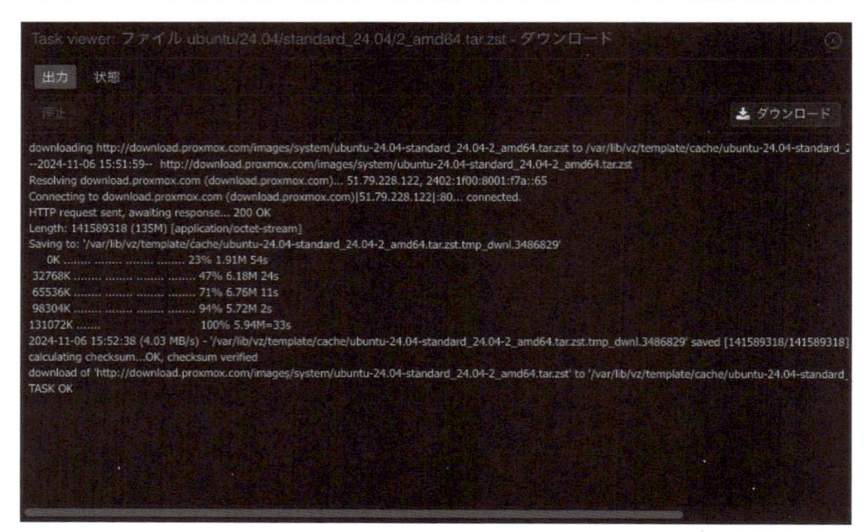

■ 手順2　コンテナの作成

Webインターフェイスのヘッダから「CTを作成」をクリックします。第3章の仮想マシンの作成手順でも解説した通り、このボタンは常にヘッダに表示されているので、リソースツリーはどこを選択していても構いません。

図4-9　コンテナの作成を開始する手順

仮想マシンの作成時と同様に、コンテナ作成のダイアログが開きます。ここでもコンテナの設定を対話的に行っていきます。仮想マシン作成時と同じ項目もあるので、必要に応じて第3章の解説も参照してください。まずはコンテナ全般の設定です。

1. 全般

「ノード」は仮想マシンが動作するProxmox VEの物理ノードの指定です。「リソースプール」は仮想マシンやコンテナをまとめる論理的なグループのことです。これらは仮想マシン作成時と同じなので、詳しくは第3章を参照してください。

図4-10 「全般」の設定画面

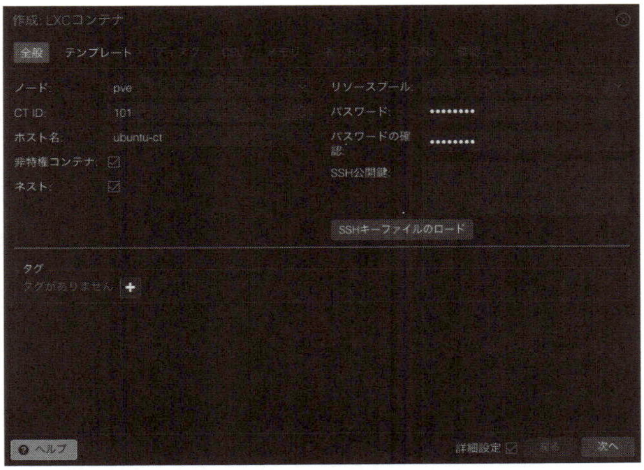

「CT ID」は、名前こそ違いますが、実際は仮想マシンのVM IDと同じものです。そのため、VM IDとCT IDで重複した番号を使うことはできません。例えばVM IDが100の仮想マシンが既に存在する場合、デフォルトで新しいコンテナに割り当てられるCT IDは101になります。

「ホスト名」はコンテナの表示名です。コンテナを識別できるよう、わかりやすい名前を付けましょう。

「パスワード」は、コンテナにログインする際の認証に使うパスワードです。

Ubuntuコンテナでは、デフォルトでコンテナ内でSSHサーバーが動作しています。「SSH公開鍵」は、SSHでコンテナにログインする際に利用する、公開鍵認証用の公開鍵です。テキストボックスに公開鍵の内容をコピー＆ペーストするか、「SSHキーファイルのロード」をクリックして、使用したい公開鍵のファイルを指定してください。ここで設定した公開鍵が、rootユーザーの「~/.ssh/authorized_keys」に追加されます。なお、この項目は必須ではありませんが、Ubuntuではrootユーザーがパスワード認証でSSHログインすることを禁止しています。そのため、SSHを利用したいのであれば必ず公開鍵を設定するようにしてください。

「非特権コンテナ」は、コンテナを特権コンテナとして起動するかどうかの設定です。チェックを入れるとコンテナは非特権コンテナとして起動され、コンテナ内のrootユーザーは、ホスト上の非特権ユーザーにマッピングされます。対して特権コンテナは、コンテナ内のrootユーザーが、ホスト上のrootにマッピングされます。デフォルトでチェックが入っており、コンテナは非特権コンテナとして起動します。特権コンテナはroot権限を使ったホストへの攻撃が可能となるため、通常は設定を変更すべきではありません。

「ネスト」は、コンテナのネスト（コンテナ内でコンテナを起動すること）を可能にします。このオプションにチェックを入れると、例えばLXCコンテナ内でDockerを使えるようになります(詳細は本章末尾のコラムを参照)。

必要な情報を入力できたら「次へ」をクリックして進めてください。以後の項目も同様です。

2. テンプレート

コンテナのテンプレートを選択します。先ほどダウンロードしたUbuntuのテンプレートを利用するため、「ストレージ」は「local」、「テンプレート」は「ubuntu-24.04-standard_24.04-2_amd64.tar.zst[*2]」を選択します。

図 4-11　「テンプレート」の設定画面

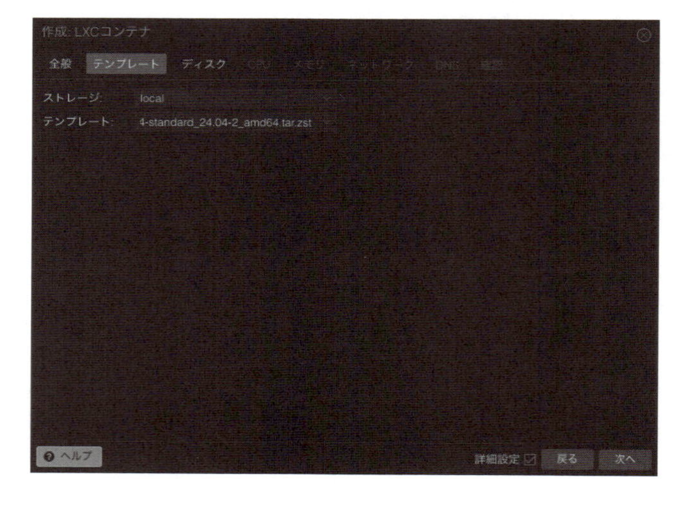

3. ディスク

コンテナにマウントされるディスクを設定します。左側にディスクのプロパティ名、右側にそのディスクの詳細な設定が表示されています。デフォルトではコンテナのルートファイルシステムとなる「rootfs」プロパティのみが設定されています。ルートファイルシステムとしてマウン

*2「ubuntu-24.04-standard_」の後に続くバージョン番号は、ダウンロードするタイミングによって異なる場合があります。適宜読み替えてください。

トするディスクの保存先と、そのサイズを決定してください。Proxmox VEのデフォルト状態では、ディスクは仮想マシンと同じく「local-lvm」上に確保するので、「ストレージ」には「local-lvm」を選択します。「ディスクサイズ」は文字通り、確保するディスクのサイズになります。本書の例を試すだけであれば、デフォルトの8GiBでも十分動作しますが、必要に応じて調整してください。

それ以外はデフォルト値のままで構いません。またマウントポイントのプロパティを追加し、複数のディスクをコンテナにマウントすることもできますが、高度な機能となるため、本書では省略します。

図4-12 「ディスク」の設定画面

4. CPU

コンテナに割り当てるCPUを設定します。「コア」はコンテナ内から認識できるCPUのコア数です。コンテナの用途に応じて適宜設定してください。

「CPUの上限」は、割り当てたCPUの使用率をさらに制限するためのオプションで、「0〜1」の範囲の小数を指定します[*3]。例えばここに「0.5」を指定すると、コンテナは割り当てられたCPUを100%使うことはできず、50%までに制限されます。具体的には、コンテナに2個のコアを割り当てたうえで、CPUの上限を「0.5」に指定すると、それぞれのコアが50%に制限されて動作します。

「CPUユニット」は、カーネルのスケジューラーに渡される相対的な優先度です。実行中の他のコンテナに設定された値から相対的に判断されるため、コンテナごとに設定値を変えることで、

[*3] CPUの上限を設定するには、「詳細設定」にチェックを入れてください。

コンテナ間に優先順位を付けることができます。通常はデフォルトのままで問題ありません。

図 4-13 「CPU」の設定画面

図 4-14 CPU のコア数を 1、CPU の上限を 0.5 に設定したコンテナの実行例
負荷をかけても CPU 使用量が 50%を越えないことがわかる。

5. メモリ

コンテナに割り当てるメモリとスワップの量を設定します。こちらもコンテナの用途に応じて適宜設定してください。

図 4-15 「メモリ」の設定画面

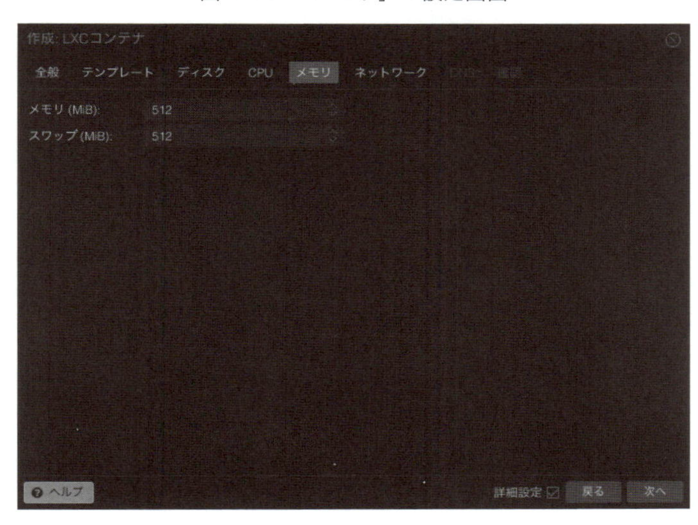

6. ネットワーク

コンテナが接続するネットワークとIPアドレスを設定します。仮想マシンと同じく、「vmbr0」ブリッジインターフェイスに接続することで、コンテナをホストマシンと同じネットワークに参加させることができます。

仮想マシンと異なるのは、コンテナが使用するIPアドレスを、この時点で設定できることです。IPv4とIPv6のそれぞれに対し、固定のIPアドレスを設定したい場合は「静的」を選択したうえで、IPアドレスとCIDR、デフォルトゲートウェイのアドレスを入力してください。DHCPでネットワークを設定する場合は、「DHCP」を選択してください。

図 4-16 「ネットワーク」の設定画面

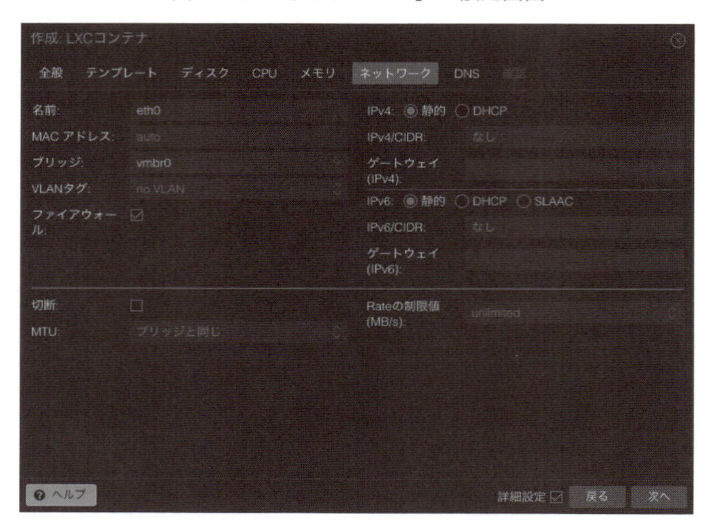

7. DNS

コンテナが名前解決に使うDNSサーバーを設定します。特定のDNSサーバーを使いたい場合は、そのDNSサーバーのアドレスを入力してください。空欄のままにしておくと、ホストであるProxmox VEのノードと同じ設定が使われます。

図 4-17 「DNS」の設定画面

8. 確認

最後に、ここまでに行った設定が一覧表示されます。問題がなければ「完了」をクリックして、コンテナの作成を完了してください。もし修正したい項目があれば、適宜「戻る」ボタンをクリックして該当する設定画面へ戻り、修正を行ってください。

図 4-18 「確認」の画面

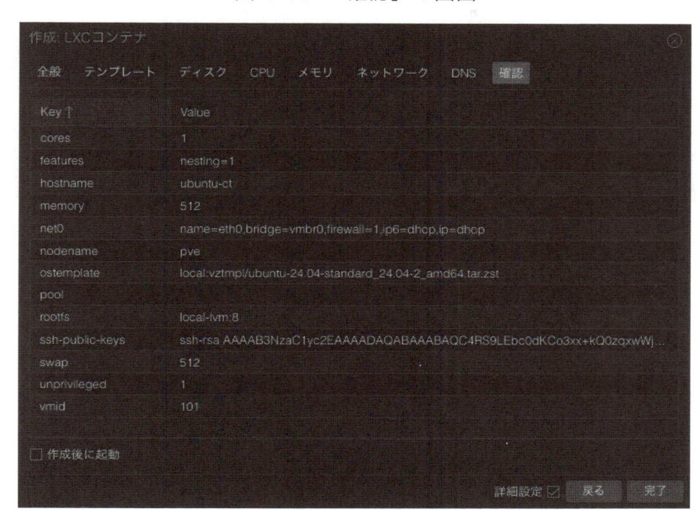

手順3　コンテナの起動

作成したコンテナは仮想マシンと同様に、リソースツリーの該当ノード以下に「CT ID(コンテナ名)」という表示で列挙されるようになります。この表示から先ほど作成したコンテナをクリックしてください。なお仮想マシンがディスプレイのアイコンであったのに対し、コンテナは四角い箱のアイコンで表示され、見ただけで区別することができます。

図4-19　リソースツリーに追加されたコンテナ

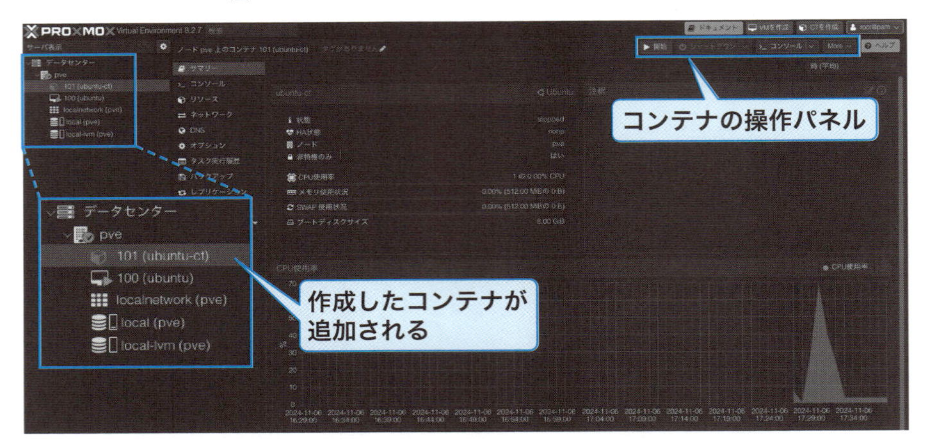

コンテンツパネルにコンテナの情報が表示されます。ここで上部にある「開始」ボタンをクリックすると、コンテナが起動します。「コンソール」ボタンをクリックすると、仮想マシン同様に、コンテナのコンソールをWebブラウザーで開けます。なおUbuntuのコンテナは、「root」ユーザーとして作成時に指定したパスワードでログインできます。

図4-20　コンテナのコンソール画面

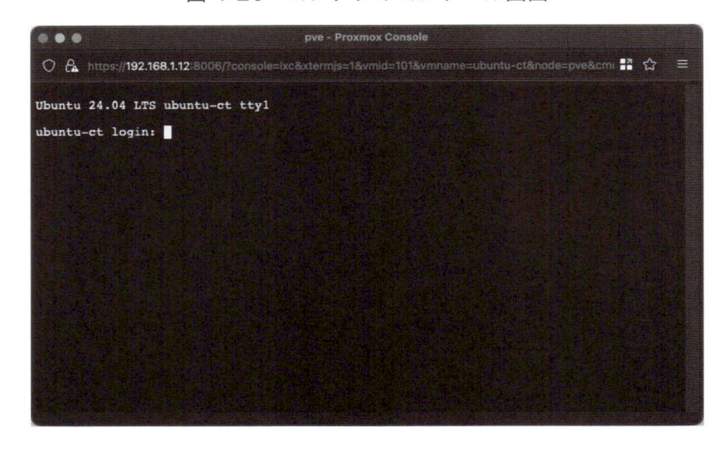

■ 手順4　コンテナのシャットダウン

コンテナも、基本的な操作は仮想マシンと同じです。コンテナ内でpoweroffコマンドを実行することで、シャットダウンできます。またコンテンツパネル上部にある「シャットダウン」ボタンからも、コンテナを停止できます。リソースツリー上でコンテナを右クリックすると表示されるコンテキストメニューからでも、同様の操作が可能です。ただし仮想マシンと異なり、メニューには「停止」と「再起動」しか表示されません。

4-4 作成したコンテナを管理する

ここではコンテナのコンテンツパネルに表示される情報について、それぞれの概要を紹介します。なお、仮想マシンの情報と重複する項目については省略しています。

リソース

「リソース」では、コンテナに割り当てるメモリとスワップの量、CPUのコア数と制限、ディスクとマウントポイントを設定できます。

図 4-21 「リソース」のコンテンツパネルの画面

ネットワーク

「ネットワーク」では、コンテナが接続するネットワークと、ネットワークインターフェイスの設定ができます。ネットワークインターフェイスの接続先の変更や、IPアドレスの変更はここから行います。また新しいネットワークインターフェイスを追加することもできます。

図 4-22 「ネットワーク」のコンテンツパネルの画面

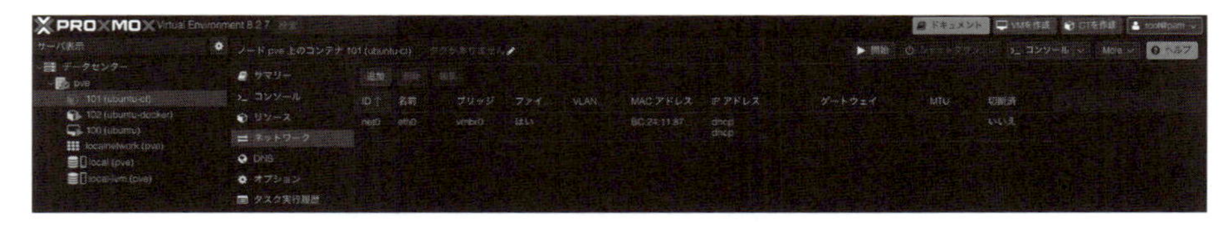

DNS

「DNS」では、コンテナが名前解決に使うDNSサーバーを変更できます。

図 4-23 「DNS」のコンテンツパネルの画面

4-5 コンテナのクローンを作成する

コンテナも、仮想マシンと全く同じ手順で複製することができます。詳細な手順は、第3章の仮想マシンのクローンを作成する手順を参照してください。

図 4-24 クローン先のコンテナの設定

4-6 コンテナを削除する

コンテナを削除する手順も、仮想マシンを削除するときと同じです。デタッチされている未使用のディスクが削除される点も同じです。詳細な手順は、第3章の仮想マシンを削除する手順を参照してください。

図 4-25 削除の確認ダイアログ

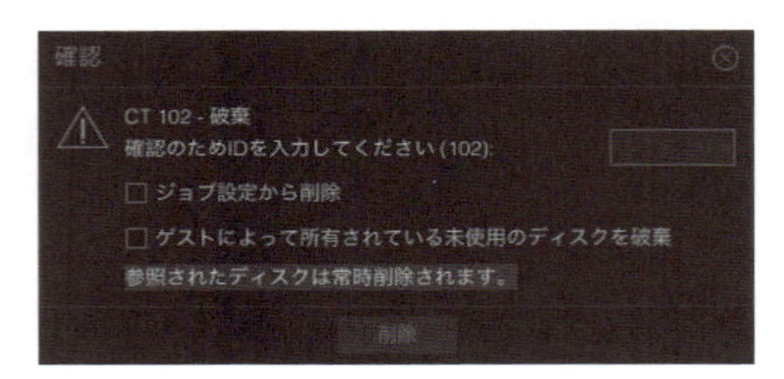

LXCコンテナ内でDockerを使うための方法

軽量な仮想マシンという感覚で使えるLXCは非常に便利ですが、やはり現在、アプリケーション開発、実行環境として支配的なのはDockerです。そのため、Proxmox VE上でもDockerを使いたいと考えるかもしれません。ですが、Proxmox VE上で直接Dockerコンテナをホストすることはできません。代わりにProxmox VEでは、Dockerを使いたい場合はQEMU/KVMの仮想マシン内にDockerをインストールして動かすことを推奨しています[*4]。仮想マシン内にUbuntuをインストールし、一般的な手順でDocker環境を構築するのがよいでしょう[*5]。

ですが、前述の通り、LXCコンテナの作成時にネストオプションを有効化していれば、LXCコンテナ内でもDockerを動かすことができます。「ちょっとDockerの動作を試したいけれど、わざわざ仮想マシンにOSをセットアップするのは面倒」というような場合に便利です。

ただし、注意点があります。Ubuntu 24.04でUbuntuのリポジトリからDockerをインストールすると、バージョンが24.0.7のDockerがインストールされます（2024年11月時点）。このバージョンのDockerは、Proxmox VEのLXCコンテナ内でDockerコンテナを起動しようとすると、次のようなエラーを出力して起動できません。

図A　Proxmox VE上のUbuntu 24.04のLXCコンテナ内でDocker 24.0.7を動かした例
Dockerコンテナの起動に失敗する。

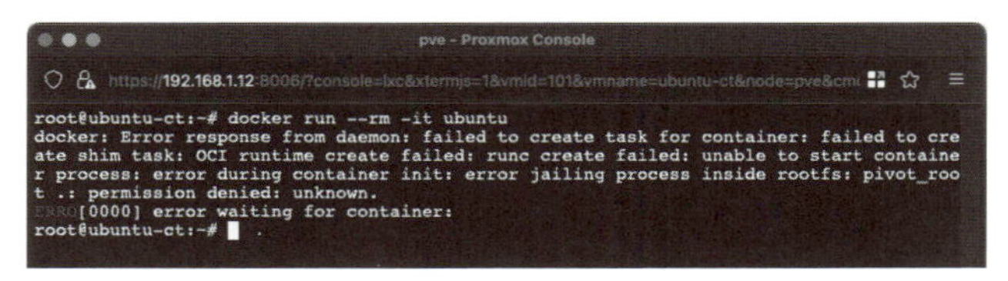

この問題は、より新しいバージョンのDockerをインストールすることで回避できます。LXCコンテナ内でネストしたDockerコンテナを動かしたい場合は、Ubuntuのリポジトリではなく、Dockerの公式リポジトリからインストールするようにしてください。

[*4] https://pve.proxmox.com/pve-docs/pve-admin-guide.html#chapter_pct
[*5] https://docs.docker.com/engine/install/ubuntu/

第5章

通知

ここからは活用編として、Proxmox VEをより便利に使うための高度な機能を紹介していきます。本章では様々なイベントの「通知」について解説します。

5-1 Proxmox VEの「通知」の役割

サーバーは24時間365日動き続けています。ですが人間が、これを常時監視し続けるわけにはいきません。基本的にサーバーは、誰も見ていない所で、粛々と仕事を行っているわけです。ところが、人間に気付いてほしいイベントというものが存在します。例えば特定のジョブを行った結果のレポートであったり、システムの障害であったりなどです。一般的なサーバーは、こうしたイベントが発生すると、メールやチャット、あるいは電話などで、管理者にメッセージを送信するように作られています。これが「通知」です。

Proxmox VEも一般的なサーバーの例にもれず、その上で発生した様々なイベントについて、通知を発行します。そして誰に、どのような手段で通知を送るのかを管理するのが「通知システム」です。なお通知が発行されるイベントの例としては、バックアップの成功/失敗、ストレージレプリケーションの失敗、クラスターを構成するノードのダウンなどがあります。

5-2 Proxmox VEの通知システム

Proxmox VEの通知システムは大きく分けて、「通知ターゲット」と「通知Matchers」(以下、通知Matcher)で構成されています。通知ターゲットは通知の宛先、通知Matcherは通知する条件を設定するためのものです。

リソースツリーから「データンセンター」を選択し、コンテンツパネルに表示される項目一覧から「通知」をクリックしてください。現在設定されている通知ターゲットと通知Matcherが表示されます。それぞれ、ここから追加や設定変更を行います。

図5-1 「通知」のコンテンツパネルの画面

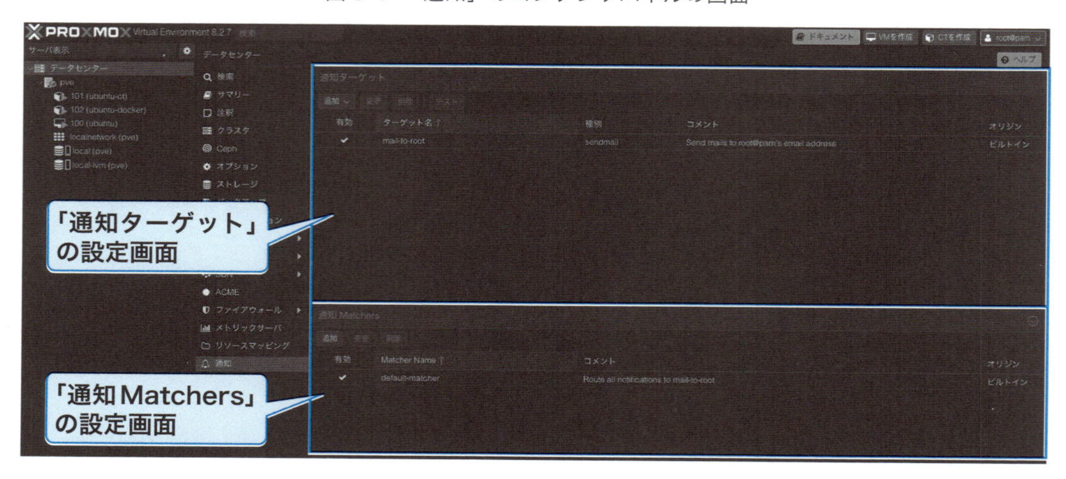

通知ターゲット

通知ターゲットとは、具体的な通知の送り先です。Proxmox VEは通知ターゲットとして、「Sendmail」「SMTP」「Gotify」の三つの種別をサポートしています[*1]。上部にある「追加」ボタンをクリックして、通知ターゲットの種別を選択すると、その種別に応じた新規通知ターゲットの作成ウィンドウが開きます。

Sendmail

Sendmailとは、LinuxをはじめとするUnixライクなOSで広く利用されているメール送信プログラムです。Sendmailを選択すると、Proxmox VEのノード上にインストールされたPostfixメールサーバーを経由して、メールの送信が行われます。ただし2024年現在、SPAMメールを防止する目的で、家庭内やクラウドサービス上に構築した独自のメールサーバーからのメール送信は、プロバイダやクラウド事業者によってブロックされることが一般的となっています。そのため、こうした環境でSendmailを使いたい場合は、別のメールサーバーを経由してメールを送信するようにPostfixの設定を変更する必要があります。本書ではGoogle社が提供するGmailを経由して、Sendmailでメールを送信する手法を紹介します。具体的な設定手順は後述しますが、ここでは「Sendmail」の新規通知ターゲットの作成ウィンドウの設定について解説します。

図 5-2 「Sendmail」の設定画面

Sendmailの通知ターゲットには、次の項目を設定します。

「エンドポイント名」は、通知ターゲットの名前です。後から変更することはできないため、わかりやすい名前を付けておきましょう。

「有効」は、この通知ターゲットを有効にするかどうかの設定です。チェックを外すと一時的

[*1] Proxmox VE 8.3では、これに加えてWebhookがサポートされました。これによりSlackなどへの通知が行いやすくなっています。

に無効にできます。

「Recipient(s)」は、この通知を受け取る具体的な宛先です。クリックするとプルダウンリストが開かれ、Proxmox VEに登録されているユーザーを選択できます。そして通知は、選択したユーザーのメールアドレス宛てに送られます。ユーザーは複数選択することもできます。なお、ユーザーのメールアドレスは「データセンター」→「アクセス権限」→「ユーザ」の順にコンテンツパネルを開き、「編集」で変更することができます。

図 5-3 「ユーザ」の設定画面

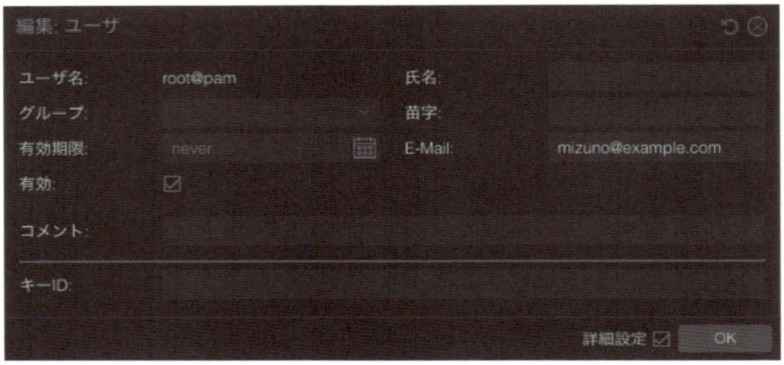

「追加のRecipient(s)」では、文字通り追加の宛先を指定できます。

「コメント」は、この通知ターゲットの内容を端的に表したメモです。複数の通知ターゲットを管理する必要がある場合は、取り違えないようにコメントを記述しておくとよいでしょう。

「著者」はメールの差出人名、「Fromアドレス」はメールのFromアドレスです。SPAMメールと判定されないよう、送信するメールサーバーに応じて適切な値を設定しておきましょう。

最後に「追加」をクリックすると、通知ターゲットが作成されます。

SMTP

先ほど説明した通り、一般の家庭内からのSendmailを利用したメールの直接送信はブロックされてしまいます。そのため、メールで通知を送りたいのであれば、Proxmox VEのメールサーバーを使うのではなく、プロバイダが提供するメールサーバーや、SendGrid[*2]のようなメール送信サービスに対して直接SMTPでメール送信を行うのが手軽です。

[*2] https://sendgrid.com/en-us

図 5-4 「SMTP」の設定画面

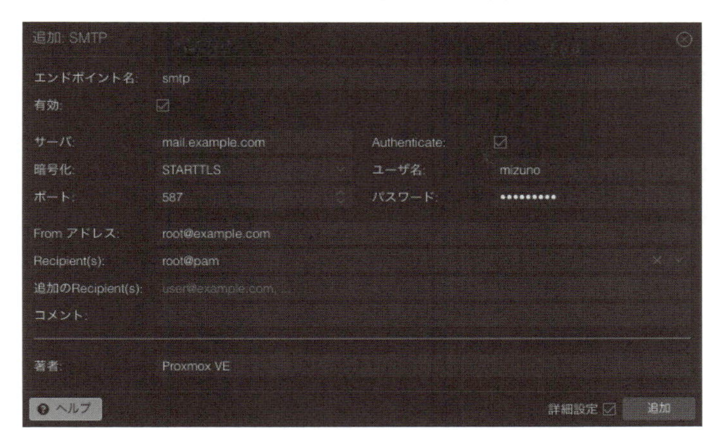

SMTPもメールを送信するため、基本的な設定項目はSendmailと同様です。ここではSMTPに固有の設定であるSMTPサーバーのアドレスやポートと、認証に関わる部分について解説します。

「サーバ」は、メール送信に利用するSMTPサーバーのアドレスです。

「Authenticate」は、SMTPサーバーが認証を要求するかどうかを指定します。チェックを外すと、ユーザー名とパスワードなしで送信を試みます（ただし、そんなSMTPサーバーは稀でしょう）。

「暗号化」は、暗号化の方式を選択します。一般的に465番ポートで暗黙的なSSLを使う場合は「TLS」、587番ポートで明示的なSSLを使う場合は「STARTTLS」を指定します。詳しくはお使いのメールサーバーのマニュアルを参照してください。

「ポート」は、サーバーへの接続に使うポート番号です。通常は暗号化とセットで設定する必要があります。

「ユーザ名」と「パスワード」は、SMTPの認証情報です。自分のアカウントの認証情報を入力してください。

Gotify

Gotifyは、セルフホスティングが可能なオープンソースの通知システムです。別途Gotifyサーバーを用意する必要があるため、本書ではGotifyを使った通知については解説を省略します。

図 5-5 「Gotify」の設定画面

通知Matcher

通知Matcherとは、どんなイベントの発生を、どの通知ターゲットに送るのかという通知のルーティングを行うための設定です。通知Matcherに設定できるルールには、イベントのタイムスタンプ、重大度、個別のメタデータなどがあり、これらのルールに合致した際、設定された通知ターゲットに対して通知が送信されます。通知Matcherは複数作成でき、それぞれ独自のルールと通知ターゲットを指定できます。

上部にある「追加」ボタンをクリックすると新規通知Matcherの作成ウィンドウが開きます。

全般

「全般」では、この通知Matcherの名前と、有効/無効の設定を行えます。

図 5-6 「全般」の設定画面

「Matcher Name」は、通知Matcherの名前です。通知ターゲットのときと同様に、後から変更することはできないため、わかりやすい名前を付けておきましょう。

「有効」は、この通知Matcherを有効にするかどうかの設定です。チェックを外すと一時的に無効にできます。

「コメント」は、この通知Matcherの内容を端的に表したメモです。このあたりは基本的に通知ターゲットの作成時と同じため、迷う所はないでしょう。

ルールに一致

「ルールに一致」では、どのようなイベントにマッチするのかというルールを指定します。他の項目と比較し、ルールの設定はやや複雑なため、少し詳しく説明します。

図 5-7 「ルールに一致」の設定画面

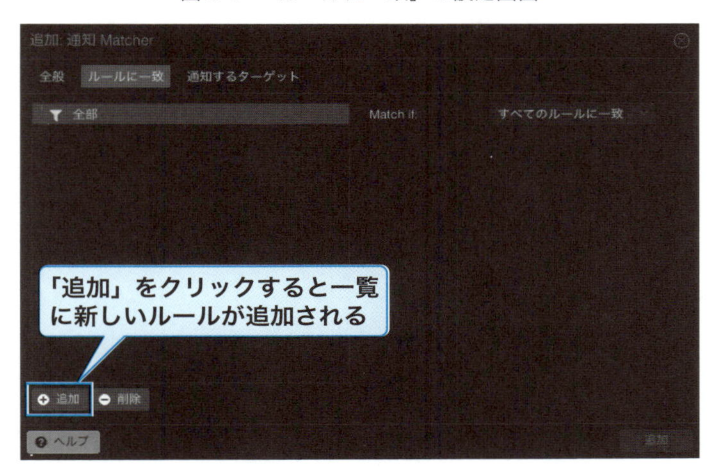

ウィンドウの左側に、ルールの一覧が表示されます。初期状態ではルールが存在せず、また「全部」と表示されていることからわかるように、発生したすべてのイベントが通知の対象となっています。ここにルールを追加することで、通知対象のイベントを絞り込んでいきましょう。なお、ルールは複数追加することができます。

ウィンドウ左下にある「追加」をクリックします。すると新しいルールが追加されます。まずルールのノードタイプを、「フィールドに一致」「重要度に一致」「カレンダーに一致」から選択します。

「フィールドに一致」は、イベント内の、特定のメタデータフィールドを条件として判定するルールです。フィールドには「hostname」と「type」を指定できます。「hostname」にマッチする具体的な値は、Proxmox VEのホスト名からドメイン名を除いたもの（pve.example.comであればpve）になります。これで特定のノードからのイベントのみをキャッチすることができます。「type」にはイベントのタイプを指定します。具体的な値は「package-updates」「fencing」「replication」「vzdump」「system-mail」のいずれかとなります。

「重要度の一致」は、文字通りイベントの重要度を条件として判定するルールです。重要度は「情報」「通知」「警告」「エラー」「不明」の中から一つまたは複数を選択します。

「カレンダーに一致」は、イベントが発生したタイムスタンプを条件として判定するルールです。例えば「mon..fri 9:00-18:00」と指定すると、平日の9時から18時までを対象にできます。夜間や休日は通知の送信を止めたい、あるいは別の通知ターゲットを指定したいといった場合に便利です。

最後に、個々のルールをどのように評価するかを設定します。ルール一覧の上部にある「全部」をクリックしてください。右側に「Match if」というプルダウンリストがあり、「すべてのルールに一致」「任意のルールに一致」「少なくとも1つのルールが一致しません」「ルールに一致しません」から評価方法を選択できます。

「すべてのルールに一致」では、すべてのルールを満たしたときに通知が送信されます。「任意のルールに一致」では、どれか一つでもルールが満たされたら通知が送信されます。「少なくとも1つのルールが一致しません」では、一つ以上のルールが満たされなかったとき、また「ルールに一致しません」では、すべてのルールが満たされなかったときに通知が送信されます。

具体的な通知Matcherの設定例を、次に示しました。

図5-8　条件を指定して特定の通知のみを受け取る設定例

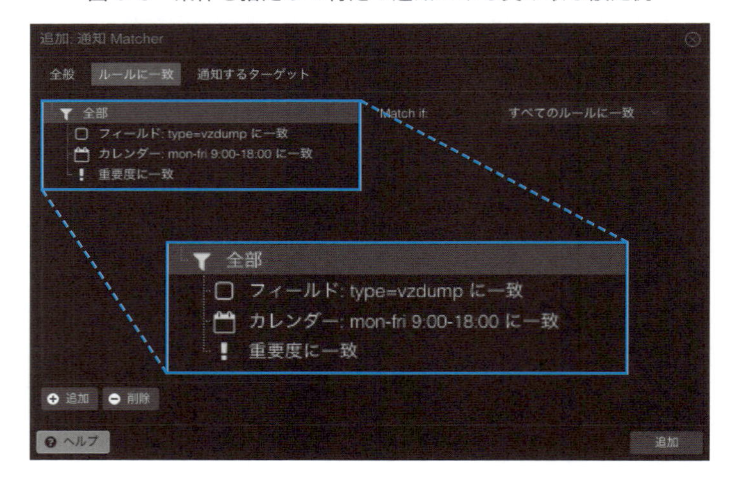

この設定例では、「重要度がエラー」「イベントタイプがvzdump（バックアップ）」「カレンダーが月曜から金曜の9時から18時」という三つのルールが追加され、「すべてのルールに一致」する設定になっています。つまり、この設定例では、平日の日中に起きたバックアップの失敗通知を受け取ることができるというわけです。

通知するターゲット

「通知するターゲット」は、文字通りこのルールにマッチした通知の通知先です。

図 5-9 「通知するターゲット」の設定画面

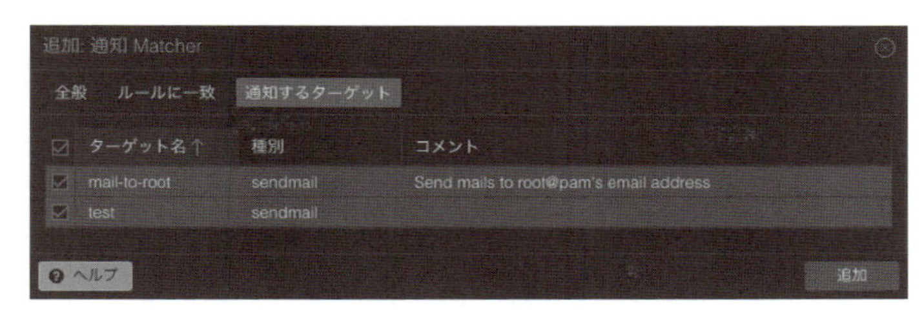

作成済みの通知ターゲットの一覧が表示されるので、通知を送りたいターゲットにチェックを入れてください。複数の通知ターゲットを指定することができます。

5-3 デフォルトの通知設定

Proxmox VEをインストールすると、デフォルトで「mail-to-root」というSendmailの通知ターゲットと、「default-matcher」という通知Matcherが作成されています。「変更」ボタンをクリックして、それぞれの中身を見てみるとわかる通り、デフォルトの通知ターゲットはSendmailを利用して、Proxmox VEのインストール時に指定したメールアドレス宛てにメールを送信します。そして、デフォルトの通知Matcherは、すべての通知をこの通知ターゲットに送る設定となっています。

図 5-10 デフォルトの通知ターゲットの設定内容

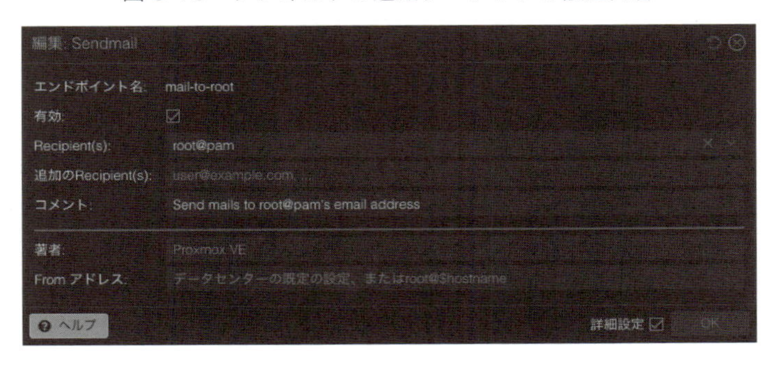

図 5-11　デフォルトの通知 Matcher の設定内容

先にも述べましたが、家庭内やクラウド上に構築した独自のメールサーバーからのメール送信は、プロバイダやクラウド事業者によってブロックされるのが一般的です。これは世界的に問題となっているSPAMメールの勝手な送信を防ぐためのもので、この施策をOP25Bと呼びます。そのため通知が発生しても、Proxmox VE内部のメールサーバーはメールを送信できず、結果として未完了の送信キューがメールサーバー内に溜まっていってしまいます[*3]。

家庭内など、メールサーバーからのメール送信ができない場所にProxmox VEをセットアップした場合は、正しく通知が送れるよう、次で解説するいずれかの設定変更を行うことを推奨します。

方法１　GmailのSMTPを利用したメールの送信

OP25Bでブロックされるのは、家庭内やクラウド上から25番ポートを使ってインターネット上にメールを送信する行為です。そのため、プロバイダが用意したメールサーバーやGmailなどのメールサービスを経由することで、この制限を回避することができます。ここでは多くの人が利用しているであろうGmailを使って、rootユーザーへSMTPで通知を送信する方法を紹介します[*4]。

Googleのアプリケーションパスワード（以下、アプリパスワード）を発行します。まずはGoogleアカウントのヘルプを参照して、Gmailのアカウントに2段階認証を設定してください[*5]。

---

*3 当然ですが、メールを送信できる環境にProxmox VEをセットアップした場合は問題ありません。
*4 この方法ではGmailの個人アカウントを利用するため、家庭内の個人用Proxmox VEでの利用に留めておいてください。もしも企業などで複数人で利用する場合は、SendGridなどのメール送信サービスの導入も検討してください。
*5 https://support.google.com/accounts/answer/185839

2段階認証は、アプリパスワードを発行する際に必須となります。

続いてGoogleのアプリパスワードを発行します。Googleのアプリパスワードの設定ページ[*6]を開き、わかりやすいアプリ名を入力してください。

図 5-12　アプリパスワードを識別するための名前を設定する画面

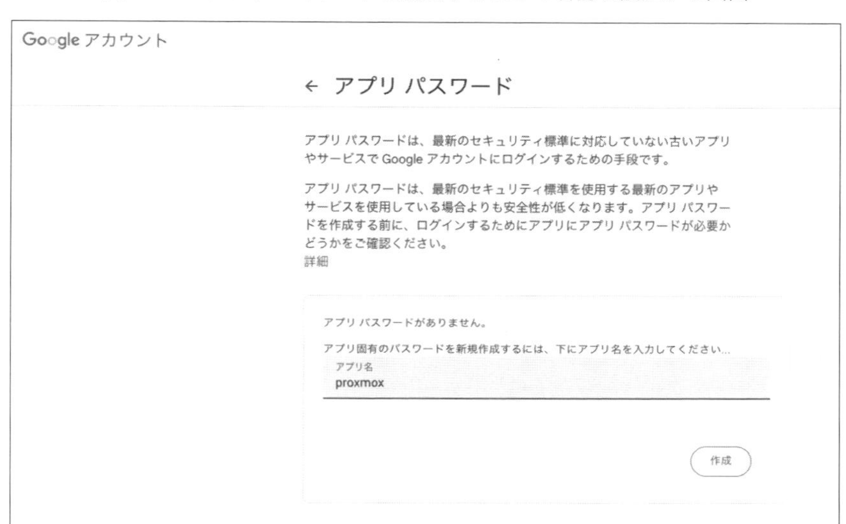

「作成」をクリックするとアプリパスワードが発行されます。このパスワードを控えておいてください。

図 5-13　アプリパスワードが発行された画面

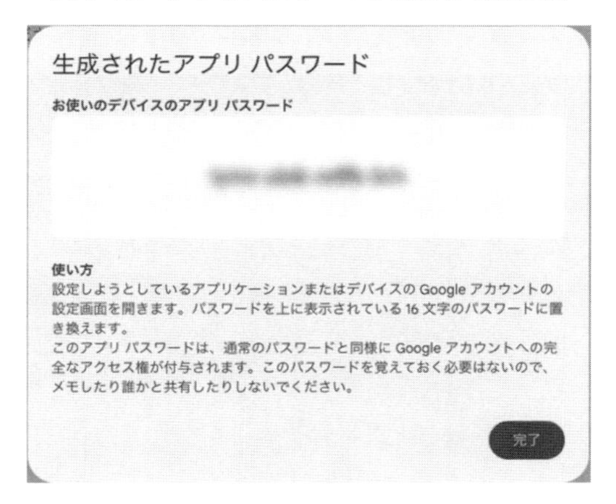

[*6] https://myaccount.google.com/apppasswords

より詳しいアプリパスワードの発行手順は、Gmailのヘルプ[*7]を参照してください。

「通知」のコンテンツパネルを開き、通知ターゲットの「追加」ボタンをクリックして「SMTP」を選択します。「SMTP」の設定を追加するウィンドウが表示されたら、次の表を参考に、必要な項目を入力してください。

表 5-1　「SMTP」の設定画面の項目と設定値

項目	設定値
エンドポイント名	任意の名前（例: smtp-to-root）
有効	チェックを入れる
サーバ	smtp.gmail.com
Authenticate	チェックを入れる
暗号化	STARTTLS
ポート	587
ユーザ名	Gmailのメールアドレス
パスワード	発行したアプリパスワード
Fromアドレス	Gmailのメールアドレス
Recipients(s)	root@pam
追加のRecipients(s)	空欄
コメント	設定の内容に関するコメント
著者	任意の名前（例: Proxmox VE）

設定例を次に示します。設定できたら「OK」をクリックして設定画面を閉じます。

図 5-14　Gmail の SMTP サーバーを利用して Proxmox VE の root ユーザーに通知を送る設定例

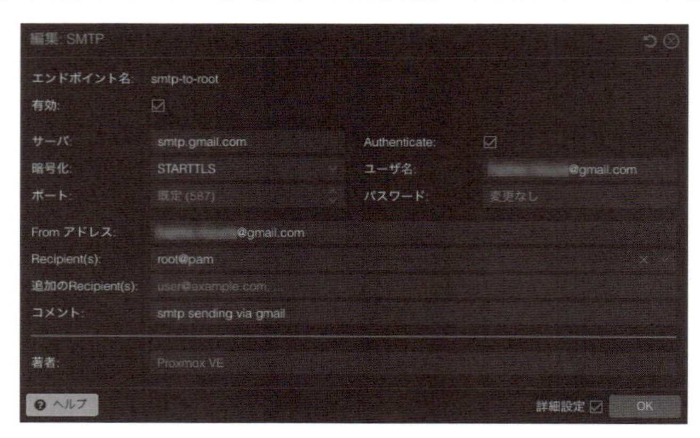

[*7] https://support.google.com/mail/answer/185833

作成した通知ターゲットが「通知」のコンテンツパネルに追加されます。それを選択してから、上部にある「テスト」ボタンをクリックしてください。テストメールが送信されます。

図5-15　追加したターゲットにテスト通知する手順

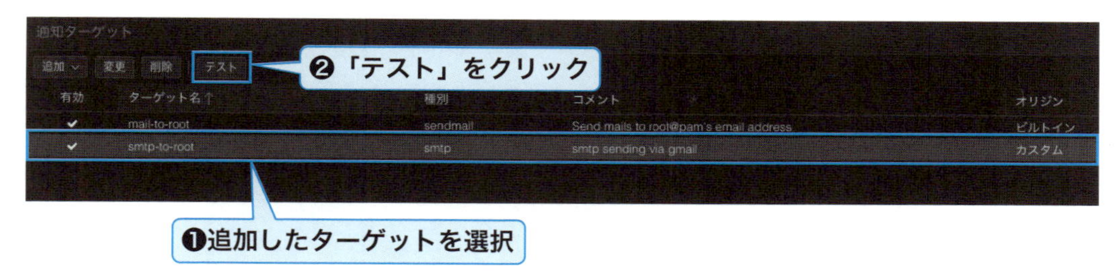

rootユーザーに設定したメールアドレスをチェックして、きちんとメールが届いているかを確認しておきましょう。

図5-16　届いたテスト通知のメール

続いてデフォルトの通知Matcherのターゲットを変更します。「通知」のコンテンツパネルを開き、「通知Matchers」から「default-matcher」を選択して「変更」ボタンをクリックしてください。

図5-17　デフォルトの通知Matcherを変更する手順

「通知するターゲット」から「mail-to-root」のチェックを外し、代わりに作成したSMTPの通知ターゲットにチェックを入れてください。

図5-18 「通知するターゲット」の設定画面
「sendmail」から「smtp」に切り替える。

これで完了です。以後、すべての通知はGmailを経由して、rootユーザーに設定されたメールアドレス宛てに送信されます。

図5-19 バックアップが完了した際に送られてくる通知のメール

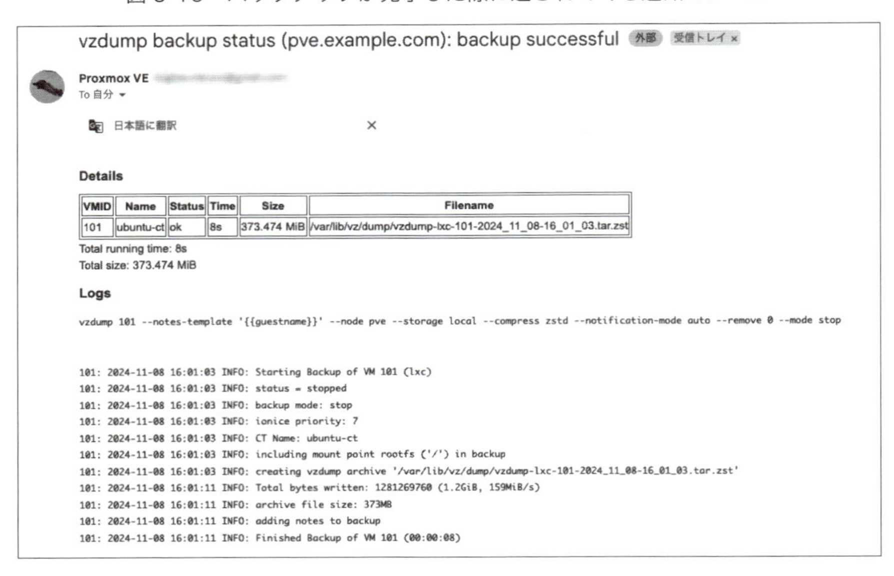

■ 方法2　Gmailを利用したメールのリレー

SMTPは、Sendmailを使った場合と異なり、送信に失敗した際にリトライを行う仕組みが存在しません。そのため、一時的なネットワークトラブルなどにより通知がもれてしまう可能性があります。この問題を回避するためには、SMTPではなくSendmailを使うしかありません。ですが、前述した通りProxmox VE内部のメールサーバーからでは、OP25Bによってメールがブロックされてしまいます。

そこで、Proxmox VE内部のメールサーバー（Postfix）に対し、すべてのメールをGmailにリレーする設定を行いましょう。こうすることで、Sendmailを使いつつも、SMTPの例と同様に、Gmailを経由してOP25Bを回避できます。

図5-20　Gmailを利用したメールのリレーの仕組み
Postfixから直接メールを送出せず、Gmailをリレーすることで OP25B の制限を回避する。

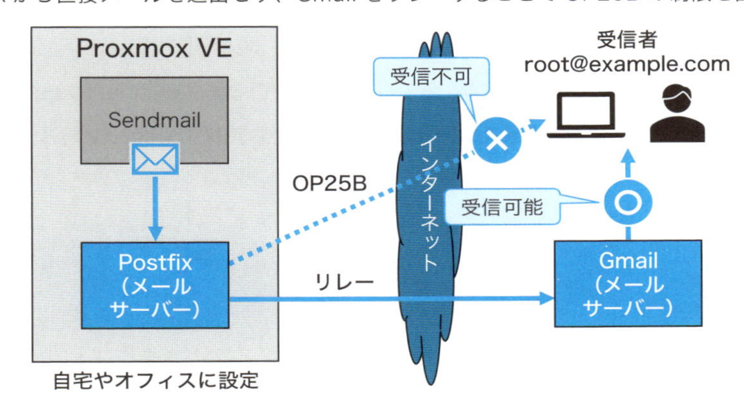

第5章

リソースツリーからProxmox VEのノードを選択します。コンテンツパネルの「シェル」をクリックして、サーバーにログインしてください。

図5-21　「シェル」のコンテンツパネルを開く手順

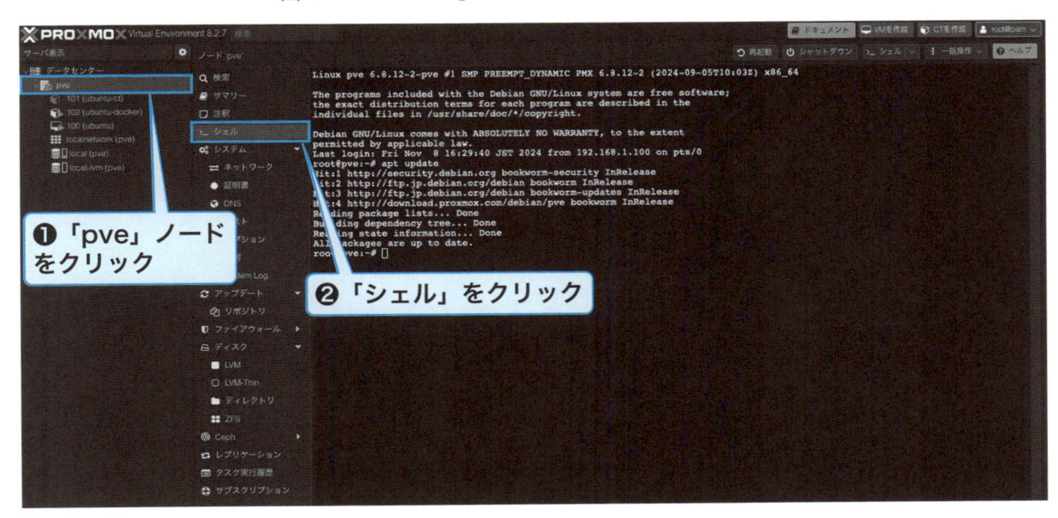

次のコマンドを実行して、必要なパッケージをインストールします。なお、行末の「⏎」は[Enter]キーを押す操作を意味します。

```
# apt update ⏎
# apt install -y libsasl2-modules ⏎
```

続いて次のコマンドを実行して、nanoエディタでファイルを編集します。なお、nanoエディタの詳しい使い方については、公式サイトのマニュアル[*8]を参照してください。

```
# nano /etc/postfix/sasl_passwd ⏎
```

空のファイルが開かれるので、次の内容を1行で記述してください。「smtp.gmail.com」の部分を角かっこで囲むことと、ポート番号とGmailのメールアドレスの間に半角スペースが入ることに注意してください。

```
[smtp.gmail.com]:587 Gmailのメールアドレス:発行したアプリパスワード
```

ファイルを保存してnanoエディタを終了してください。

続いて次の3行のコマンドを実行します。1行目のコマンドは、いま作成したGmailへの接続情報のファイルを、Postfixが読める形式に変換しています。2行目のコマンドは、変換した後のファイルを、rootユーザー以外が読めないように権限を設定しています。3行目のコマンドは、不要になった変換前のファイルを削除しています。

```
# postmap /etc/postfix/sasl_passwd ⏎
# chmod 600 /etc/postfix/sasl_passwd.db ⏎
# rm /etc/postfix/sasl_passwd ⏎
```

次のコマンドで、Postfixにリレーの設定を追加します。三つ目のコマンドでは行末に「↩」が記されています。これは折り返しを意味する記号なので、改行することなく、ひと続きのコマンドとして入力してください。

```
# postconf -e 'relayhost = [smtp.gmail.com]:587' ⏎
# postconf -e 'smtp_use_tls = yes' ⏎
# postconf -e 'smtp_sasl_password_maps = hash:/etc/postfix/sasl_pass↩
wd' ⏎
# postconf -e 'smtp_sasl_mechanism_filter = plain' ⏎
# postconf -e 'smtp_sasl_tls_security_options = noanonymous' ⏎
```

*8 https://www.nano-editor.org/dist/latest/nano.html

```
# postconf -e 'smtp_sasl_auth_enable = yes'
# systemctl restart postfix.service
```

以後、Sendmailを使ってもOP25Bの影響を受けず、Gmailを経由してメールの送信が可能になります。再送制御が可能になるのはもちろん、通知ターゲットごとにサーバーのアドレスや認証情報を設定する必要もなくなります。複数の通知ターゲットを使うのであれば、Postfix側にリレーの設定をしてしまうと便利でしょう。

第5章

第6章

ストレージ

Proxmox VEのストレージは、ベースOSとなっているDebian GNU/Linuxに準じて様々なファイルシステムが利用できます。本章では、Proxmoxでのストレージの管理について解説します。

6-1 使用可能なストレージ

Proxmox VEでは、様々な種類のファイルシステムやディスク管理システムを、ストレージとして利用できます。ストレージは、データの保存単位の違いで大きく2種類に分かれており、それぞれで保存可能なデータの種類が変わってきます。

一つはファイル単位のストレージです。PC上でファイルを扱うのと同様に、仮想ディスクやISOイメージなどをファイルとして保存できるため、柔軟なファイル管理が可能です。もう一つはブロック単位のストレージです。こちらは仮想ディスクのような大きなイメージデータを保存するのに適しています。ブロック単位で作成された仮想ディスクは、ファイル単位のストレージのように、他のファイルを入れることはできず、仮想ディスク専用として使われます。

個別の解説は後述しますが、ストレージの種類によっては、データの保存単位の違いだけでなく、共有ストレージとして利用できるか、仮想マシンのスナップショット機能に対応しているかが、それぞれ異なります。デフォルトで作成されるストレージ以外を扱う際には、利用目的に応じたストレージの選択が必要になるでしょう。

表6-1　Proxmox VEで利用できる主なストレージと特徴
公式ドキュメント*a より引用した。

ストレージの種類(タイプ)	データの保存単位	共有ストレージにできるか	スナップショット可能か	備考
ディレクトリ	ファイル	×	×	-
LVM	ブロック	×	×	-
LVM-Thin	ブロック	×	○	-
BTRFS	ファイル	×	○	技術プレビューリリース
NFS	ファイル	○	×	-
SMB/CIFS	ファイル	○	×	-
GlusterFS	ファイル	○	×	-
iSCSI	ブロック	○	×	-
CephFS	ファイル	○	○	-
Ceph/RDB	ブロック	○	○	-
ZFS over iSCSI	ブロック	○	○	-
ZFS	両方	×	○	-
Proxmox Backup	両方	○	-	-

*a　https://pve.proxmox.com/pve-docs/chapter-pvesm.html#_storage_types

■ デフォルトは「ディレクトリ」と「LVM-Thin」で構成

インストール直後は、Proxmox VEをインストールしたディスク上に「local」と「local-lvm」の二つのストレージが作成されます。利用可能なストレージのサイズはディスクのサイズに依存します。

「local」ストレージは、ディレクトリタイプのストレージとして作成されています。このストレージはファイル単位で管理されます。ここにはISOイメージやコンテナテンプレート、VZDumpバックアップなどのファイルを格納できます。

「local-lvm」ストレージは、LVM-Thinタイプのストレージとして作成されています。このストレージはブロック単位で管理されます。仮想マシンの仮想ディスクと、コンテナのディスクを格納可能です。

■ ストレージを追加したいときはノードにディスクを追加する

Proxmox VEを1台のサーバーで運用する場合は、デフォルトのストレージの構成のまま使用しても問題はありません。ただし、長く運用していくと、仮想マシン用のストレージが容量不足になったり、バックアップ用のディスクを別途構成したくなったりすることがあります。そのような場合には、ノードにディスクを追加して、ストレージを構成するとよいでしょう。

Proxmox VEでは、ローカルなストレージだけでなく、NASなどを用いたネットワーク共有ストレージも利用できます。複数台のホストでクラスターを組んで運用する場合は、ネットワーク共有ストレージを構成することで、仮想マシンのホスト間移動を高速に行えるようになります。これによってホストのリソースが不足したり、メンテナンスをしたかったりする際にも、より柔軟な運用が可能になります。なおクラスターについては第9章を参照してください。

■ ストレージに格納できるコンテンツの種類

第3章でも述べた通り、デフォルトの「local」と「local-lvm」のように、Proxmox VEはストレージの種類に応じて、格納可能なコンテンツの種類を制限できます。デフォルトのストレージ構成で格納可能なコンテンツの種類を次の表にまとめました。

表 6-2　デフォルトのストレージ構成で格納できる主なコンテンツの種類

コンテンツの種類	デフォルトの格納場所	説明
ディスクイメージ	local-lvm	QEMU仮想マシンのディスクイメージを配置
コンテナ	local-lvm	LXCコンテナのデータを配置
コンテナテンプレート	local	コンテナを起動するためのテンプレートファイルを配置
VZDumpバックアップファイル	local	QEMU仮想マシンやLXCコンテナのバックアップファイルを配置
ISOイメージ	local	仮想マシンのOSインストールに使用するISOイメージを配置
スニペット	未指定	ゲストフックスクリプトなどのファイルを配置

ディスクイメージとコンテナは、ブロックタイプとファイルタイプどちらのストレージでも格納が可能です。それ以外のコンテンツは、ファイルタイプのストレージに格納が可能です。

デフォルトのストレージ構成のまま運用する場合、コンテンツの種類の設定に関して特に意識する必要はありません。なおデフォルト以外のストレージを追加すれば、VZDumpバックアップファイルの保存先として別の物理ディスクを使用したり、ディスクイメージやコンテナの保存先として共有ストレージを使用したりするといった運用が可能になります。

6-2 ディスクとストレージの管理

ディスクとストレージは、それぞれコンテンツパネルから管理することができます。それぞれの管理画面について詳しく見ていきましょう。

ディスク管理画面

ノード上の物理ディスクを確認・管理するには、リソースツリーからノードを選択して、コンテンツパネルから「ディスク」を選択します。

この画面では、ノードに接続されている物理ディスクが一覧表示されます。各ディスクのS.M.A.R.T.のデータを取得して状態を把握したり、ディスクの初期化や消去を実行したりできます。

「ディスク」メニュー以下には、「LVM」「LVM-Thin」「ディレクトリ」「ZFS」のサブ項目があり、それぞれの管理画面が用意されています。

「LVM」では、LVMのボリュームグループの作成と削除ができます。仮想マシンの仮想ディスクとして、ここで作成したボリュームグループを指定すると、ボリュームグループに論理ボリュームが作成されて、仮想マシンに割り当てられます。

図 6-1 「LVM Volume Group」の作成画面

後述するシンタイプのLVM（LVM-Thin）と異なり、仮想ディスクとして指定した容量はすぐに確保されます。

図 6-2　作成後の LVM 一覧

「LVM-Thin」は、LVMのボリュームグループとともに、Thinpool（シンタイプの論理ボリュームプール）を作成します。デフォルトで作成される「local-lvm」は、このタイプで作成されています。仮想マシン用の仮想ディスクは、Thinpoolから作成されたLVMの論理ボリュームになります。仮想ディスク作成時に指定した容量は、論理ボリュームプールですぐに確保はされず、実使用量のみが消費されます。よって、論理ボリュームプールの空き容量は、仮想ディスクにデータが書き込まれるまで減りません。

図 6-3 「LVM Thinpool」の作成画面

「ディレクトリ」は、物理ディスクをext4もしくはxfsのどちらかのファイルシステムでフォーマットしてマウントします。デフォルトで作成される「local」は、このタイプです。

図 6-4 「ディレクトリ」の作成画面

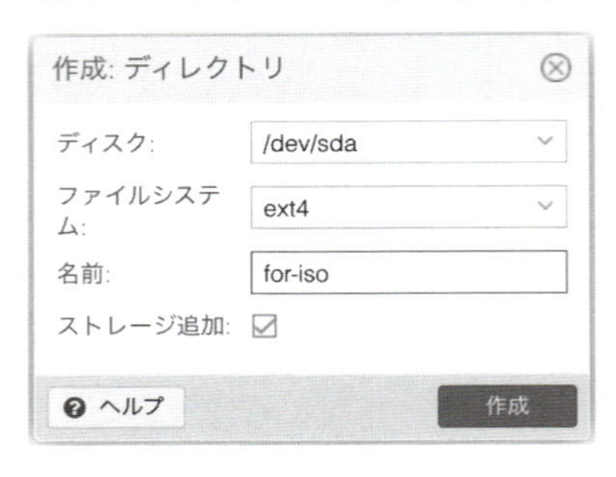

「ZFS」は、複数のディスクを束ねて扱えるファイルシステムです。ハードウェアRAIDを使用せずにRAIDを構成できるため、冗長性のあるストレージ環境を安価に構築できます。

図 6-5 「ZFS」の作成画面

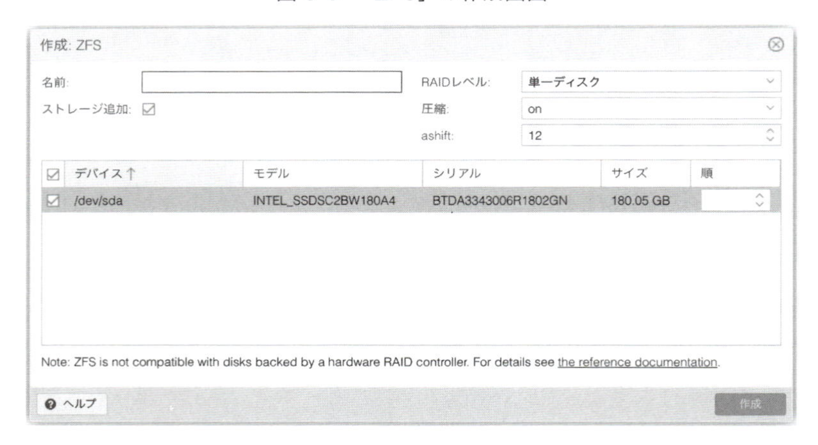

ストレージ管理画面

ストレージを管理するには、リソースツリーから「データセンター」を選択し、コンテンツパネルから「ストレージ」を選択します。

この画面では、ストレージの追加と削除ができます。既に登録されているストレージが格納可能なデータの種類を変更することもできます。

ストレージの管理画面での操作は、データセンター配下のノードに対して適用されます。クラスターを構成している環境では、デフォルトではすべてのノードに対して同じ操作が適用されるため、少し注意が必要です。クラスター環境で一部のノードにだけストレージを追加したい場合には、追加・編集画面で「ノード」の項目をクリックして、対象としたいノードを選択します。

追加可能なストレージの種類を次に挙げました。

- ディレクトリ
- LVM
- LVM-Thin
- BTRFS
- NFS
- SMB/CIFS
- GlusterFS
- iSCSI
- CephFS
- RBD
- ZFS over iSCSI
- ZFS
- Proxmox Backup Server
- ESXi

図 6-6　追加するストレージの種類を選択するメニュー画面

それぞれのストレージの種類について簡単に解説します。

「ディレクトリ」と「BTRFS」は、ディスク管理のディレクトリで作成したファイルシステム上にディレクトリを作成して、データの保管場所にできます。

「LVM」は、ディスク管理のLVMで作成したボリュームグループから論理グループを作成します。iSCSIで接続したネットワークストレージをLVMのボリュームグループにする場合にも使用します。

「LVM-Thin」は、ディスク管理のLVM-Thinで作成したThinpoolを、実際にストレージとして使用できるようにするために使用します。

アイコンがビルの形になっている「NFS」「SMB/CIFS」「GlusterFS」「iSCSI」「CephFS」「RBD」「ZFS over iSCSI」は、ローカルのディスクではなくNASなどのようなネットワーク上に置かれた外部のストレージを利用する場合に選択します。

「Proxmox Backup Server」は、Proxmox社のバックアップ製品と連携する場合に使用します。

「ESXi」は、Broadcom社の仮想化プラットフォーム製品「VMware vSphere Hypervisor (VMware ESXi、ESXi)」に登録されている仮想マシンを、Proxmox VEにインポートするための特別なストレージです。

各ストレージのデータの管理画面

各ストレージ内のデータを確認したり管理したりするには、リソースツリーでノード名の左側にある三角ボタンをクリックします。するとノードに接続されているストレージがツリー表示されるので、対象のストレージをクリックして選択してください。

「local」ストレージを選択すると、このストレージに格納できるコンテンツである「バックアップ」「ISOイメージ」「CTテンプレート」「スニペット」という項目が、コンテンツパネルに表示されます。それぞれを選択すると、ストレージ内に格納されているコンテンツを確認したり、追加あるいは削除したりできます。

図6-7　「local」ストレージの「ISOイメージ」の管理画面

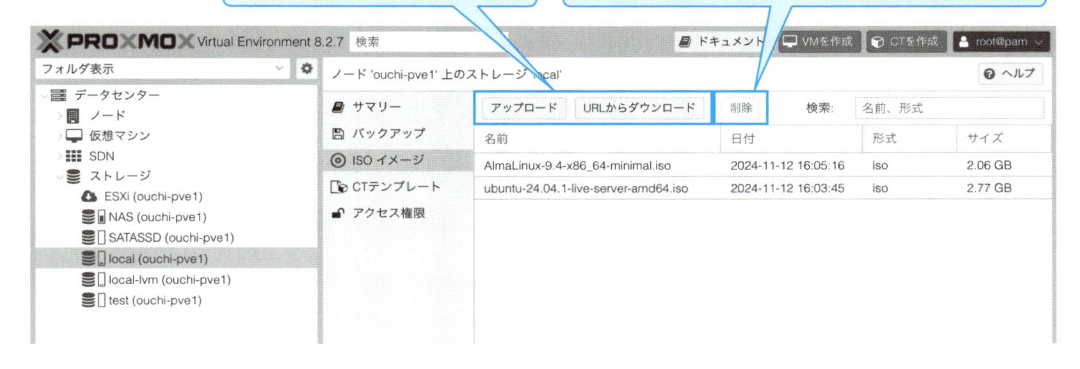

「ISOイメージ」では、Webブラウザーからのファイルアップロードか、URLを指定したダウンロードの2通りの方法で、ISOイメージファイルを配置できます。URLを指定したダウンロードの方法を使えば、インターネット上のISOイメージファイルを都度手元のPCにダウンロードすることなく、直接Proxmox VEにダウンロードさせることができるため便利です。不要になったISOイメージファイルは、リストから選択してから「削除」をクリックすると削除できます。実際のアップロード手順は、第3章を参照してください。

「CTテンプレート」でも「ISOイメージ」と同様に、Webブラウザーからのファイルアップロードと、URLからのダウンロードの2通りの方法を利用できます。さらにProxmox社が用意したテンプレートをダウンロードできる「テンプレート」ボタンが用意されています。テンプレートのダウンロード手順は、第4章を参照してください。

リソースツリーで「local-lvm」ストレージを選択すると、このストレージに格納できるコンテンツである「VMディスク」「CTボリューム」という項目が、コンテンツパネルに表示されます。それぞれ選択すると、ストレージ内に格納されている仮想ディスクが表示されます。

図 6-8 「local-lvm」ストレージの「VM ディスク」の管理画面

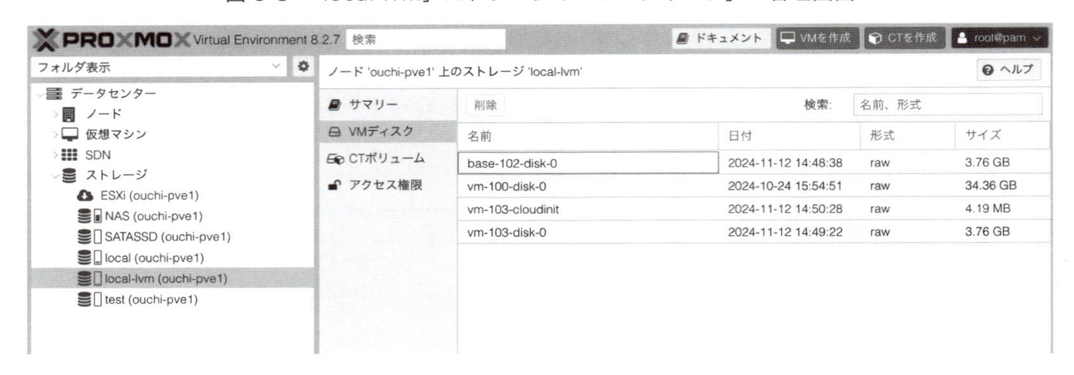

Proxmox VEでは、仮想ディスクの名前はVM IDをベースとしてシステム側で管理しているため、ユーザーは削除のみ実行可能です。

ローカルストレージを追加する方法

実際に空のディスクを追加してストレージを作成し、利用可能な状態にするまでの手順を解説します。ここでは、インストール後のProxmox VEのノードに未使用のSSDを追加し、追加したSSD上にLVM-Thinタイプのストレージを作成します。次に示す図では、OSとデフォルトストレージがNVMe SSD上に構築されており、未使用のSSDが/dev/sdaとして認識されています。

図 6-9 未使用の SSD を追加した後の「ディスク」の管理画面

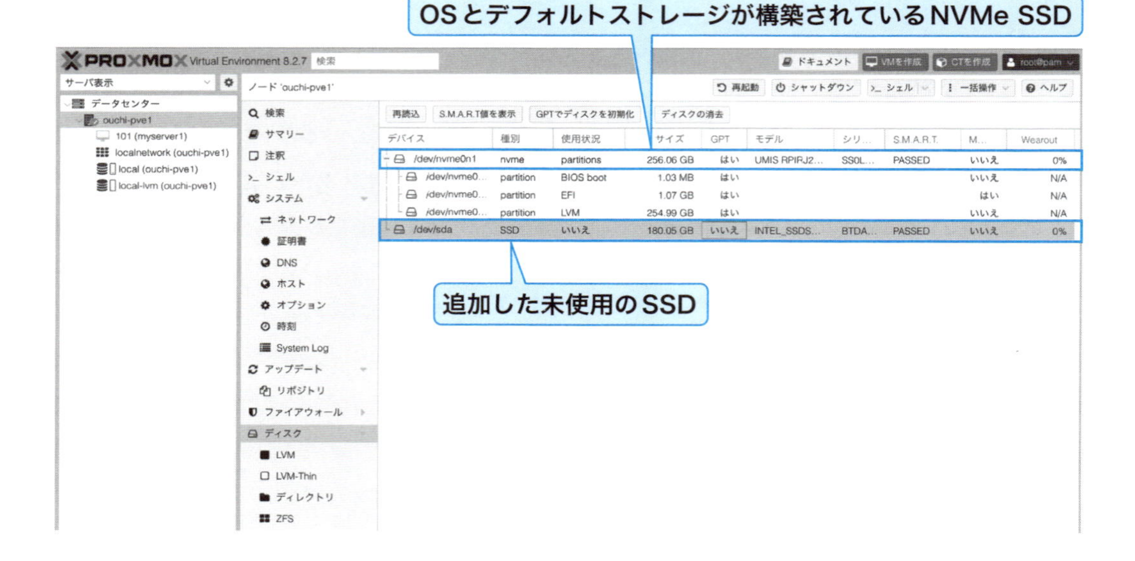

メニューの「LVM-Thin」に移動して、「作成: Thinpool」をクリックします。「LVM Thinpool」の作成画面が開くので、モーダルダイアログで「ディスク」と「名前」を指定して「作成」をクリックします。

図 6-10　「LVM Thinpool」の作成画面の設定例
ここでは「/dev/sda」を使用した「SATASSD」という名前の LVM-Thin タイプのストレージを作成するように設定した。

しばらく待つと、メニューの「LVM-Thin」のリストに、作成したストレージが追加され、さらにリソースツリーにも同様に追加されます。これで、追加した未使用のSSDに新たなLVM-Thinタイプのストレージが作成されたことがわかります。

図 6-11　「LVM Thinpool」の管理画面

追加した未使用のSSDに「LVM-Thin」タイプのストレージが追加された

以上で作業は完了で、ストレージが利用可能な状態になりました。実際に仮想マシンの作成ウィザードを実行すると、作成したストレージが選択可能になっていることが確認できます。

図 6-12　仮想マシンの作成ウィザードの「ディスク」の設定画面
作成したLVM-Thinタイプの「SATASSD」ストレージが選択可能になっている。

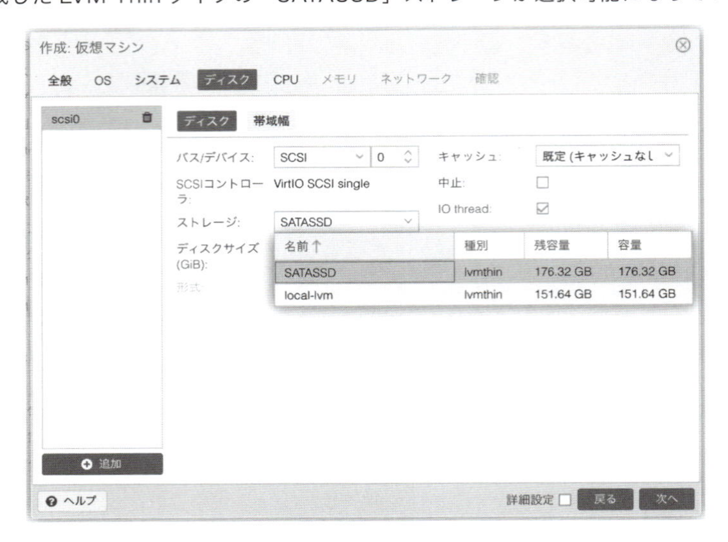

6-3 ネットワーク共有ストレージについて

Proxmox VEのストレージは、ローカルのディスクだけでなく、NASなどのネットワーク共有ストレージを用いることも可能です。ネットワーク共有ストレージは、クラスター構成はもちろん、シングルノードのProxmox VEにおいても有用です。例えばローカルストレージを最小限に抑え、仮想ディスクをNAS上に配置したり、ハードウェア障害に備えたバックアップ先として使用したりするなどです。そして複数ノードによるクラスター環境では、仮想マシンやコンテナのボリュームをネットワーク共有ストレージに配置することで、ホスト間を無停止で移動できる「ライブマイグレーション」が可能になります。

ネットワーク共有ストレージとして使用できるプロトコルには、CIFS、NFS、iSCSIがあります。いずれも市販のNASであれば多くの製品で利用可能でしょう。

■ ネットワーク共有ストレージを追加する手順

ネットワーク共有ストレージを追加する一例として、NFSストレージを追加する手順を解説します。追加するNFSストレージは、あらかじめ用意しておく必要があります。NFSストレージを用意するには、NFSストレージサーバーを構築します。このNFSストレージサーバーは、どのような方法で構築したものでも構いません。筆者はQNAP社のNAS製品を用いて構築しましたが、Ubuntuのような Linuxサーバーを用いて構築したものでも、別の市販のNAS製品を使用したものであっても、これから解説するProxmox VEでの追加手順に大きな違いはありません。

図 6-13　QNAP 社の NAS 製品に構築した NFS ストレージサーバーの共有を設定している画面

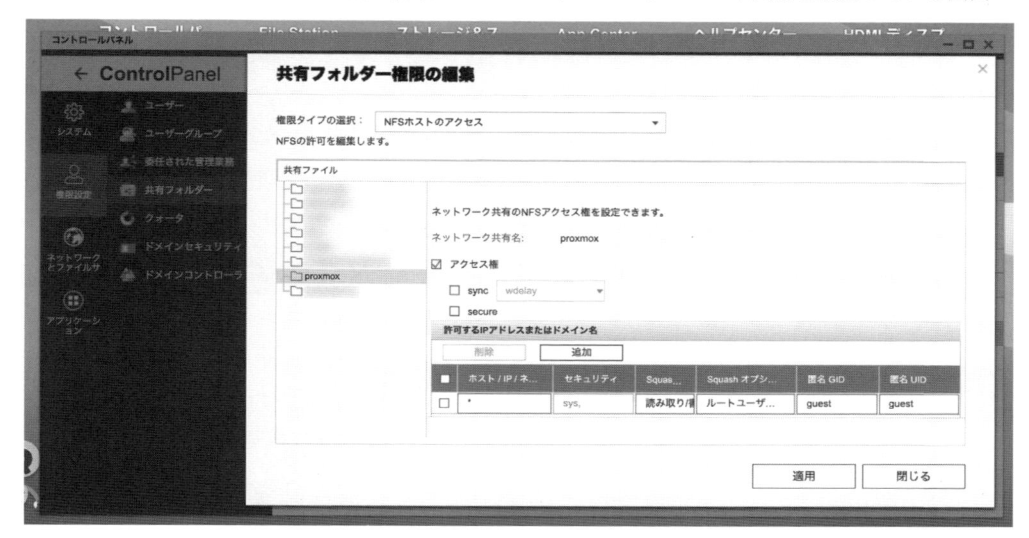

Proxmox VEでNFSストレージを追加するには、リソースツリーから「データセンター」を選択してから、コンテンツパネルのメニューの「ストレージ」を選択します。続いて「追加」ボタンをクリックし、表示されるドロップダウンメニューで「NFS」を選択します。

図 6-14　「ストレージ」の管理画面で「追加」メニューを開いて「NFS」を選択している画面

「NFS」の追加画面が表示されるので、「ID」にはリソースツリーに表示したい名前を、「サーバ」にはNFSストレージサーバーのアドレスを、それぞれ指定します。「サーバ」に正しくアドレスが入力されると、NFSストレージサーバーが提供しているNFSストレージのリストが「Export」のドロップダウンメニューに表示されます。表示されたリストから、Proxmox VEで使用したいNFSストレージを選択します。

図 6-15　「NFS」の追加画面で「Export」のドロップダウンメニューを開いたときの画面

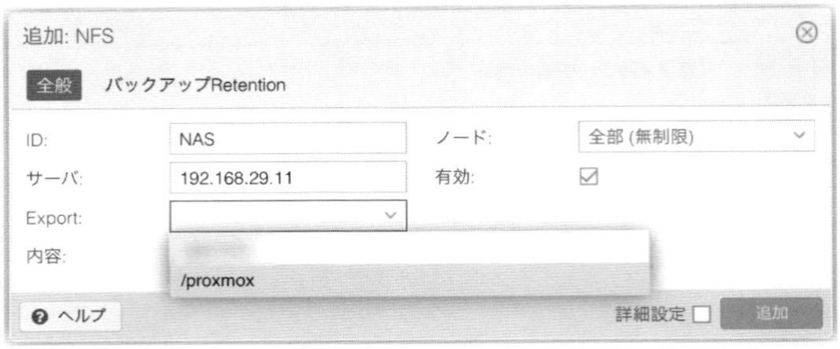

NFSストレージを選択できたら、そのNFSストレージで管理したいコンテンツの種類を、「内容」のドロップダウンメニューから選択します。コンテンツの種類は複数選択が可能です。

図 6-16　「NFS」の追加画面で「内容」のドロップダウンメニューを開いたときの画面

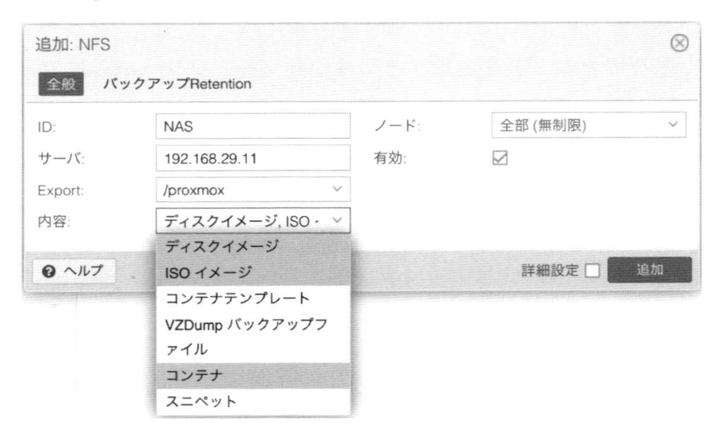

コンテンツの種類を選択したら、最後に「追加」ボタンをクリックして、追加を完了します。実際に仮想マシンの作成ウィザードを実行すると、追加したNFSストレージが選択可能になっており、仮想ディスクを作成できることが確認できます。

図 6-17　仮想マシンの作成ウィザードを実行後の NFS ストレージ「NAS」の「VM ディスク」の管理画面

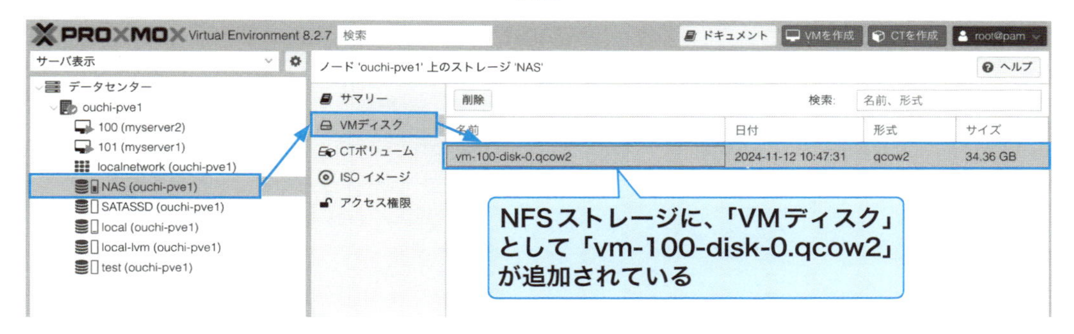

同様にISOイメージファイルも追加できることも確認しておきましょう。

図 6-18　NFS ストレージの ISO イメージ管理画面

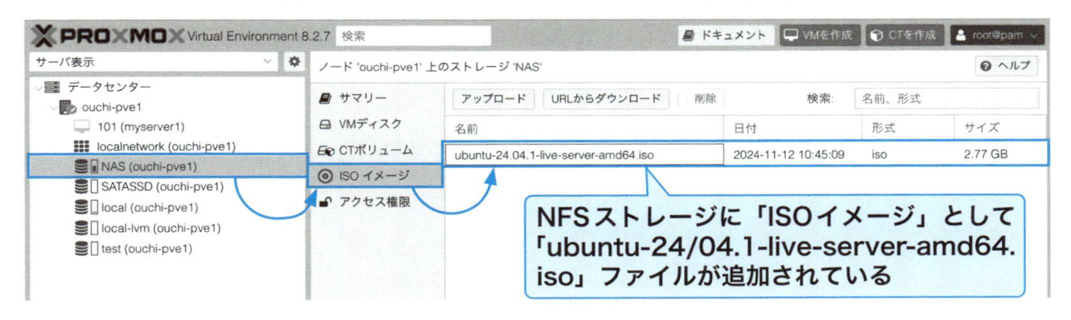

第7章

ネットワーク

Proxmox VEのネットワークは、ベースOSとなっているDebian GNU/Linuxのネットワークの仕組みに基づきます。設定のほとんどはWebインターフェイスを通じて簡単に作業できます。ネットワークの設定ファイルを直接編集することも可能で、その場合はWebインターフェイスよりもきめ細かく設定できます。本章では、Proxmox VEのネットワークについて解説します。

7-1 ネットワーク設定画面へのアクセス

まずはネットワークの設定画面を開き、現在の構成を確認してみましょう。そのためには、リソースツリーからノードを選択し、コンテンツパネルから「システム」→「ネットワーク」の順にクリックします。するとコンテンツパネルに、次のようなネットワークインターフェイスの一覧が表示されます。

図 7-1 「ネットワーク」の設定画面

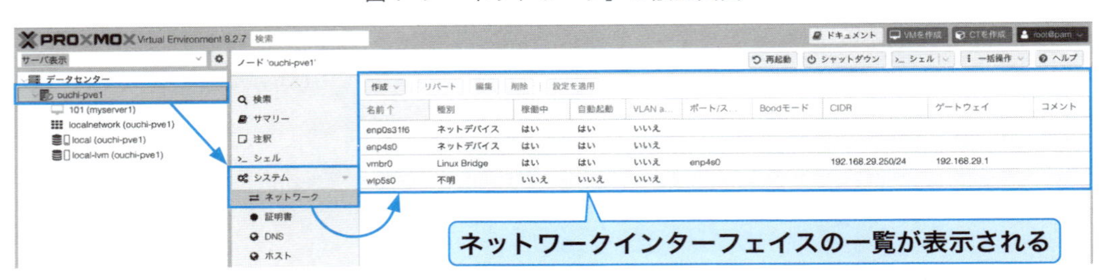

インストール直後の状態では、ノードに搭載された物理ネットワークインターフェイス（物理NIC）が「ネットデバイス」としてリストされており、また、「vmbr0」という名前のLinux Bridgeもリストされています。

「vmbr0」は、インストール時に指定した物理NICを使用したブリッジネットワークとなっており、同じくインストール時に指定したIPアドレスも付与されています。

■ 設定可能なネットワークの構成

Proxmox VEのWebインターフェイス上では、次に挙げたネットワークを構成できます。

- Linux Bridge
- Linux Bond
- Linux VLAN
- OVS Bridge
- OVS Bond
- OVS VLAN

図7-2 「ネットワーク」の設定画面で作成可能なインターフェイス

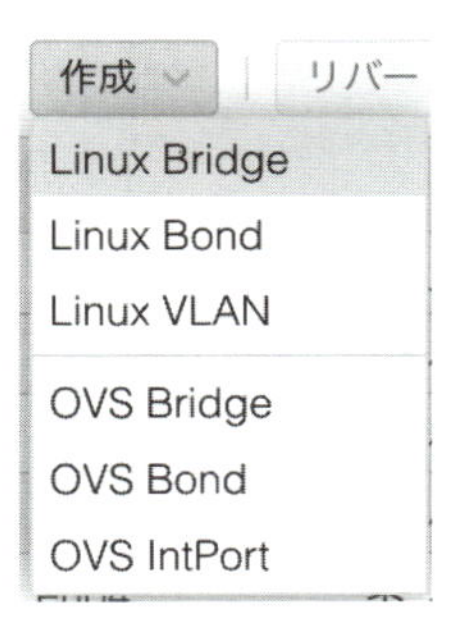

Linuxで始まる名前を持った最初の三つが、標準で構成可能なネットワーク機能です。OVSで始まる名前を持った残りの三つは、「Open vSwitch」と呼ばれる仮想スイッチのオープンソースソフトウェアを用いたネットワーク機能です。なお、Open vSwitchを用いた構成は高度な利用方法となるため本書では扱いません。本章では標準で構成可能な三つのLinuxネットワークの機能について解説します。

Linux Bridge（ブリッジネットワーク）

ブリッジネットワークは、仮想のレイヤー2（L2）ネットワークスイッチ機能です。先ほど紹介した通り、インストール直後には必ず一つ存在しています。これは、仮想マシンと物理NICをつなぐスイッチングハブ的な役割を担います。デフォルトで作成された「vmbr0」を仮想マシンやコンテナのネットワーク接続先に指定すると、Proxmox VEがインストールされたネットワーク上に仮想マシンやコンテナが接続され、相互に通信できます。

デフォルトで作成されたブリッジネットワークではVLAN機能が無効化されていますが、有効化することもできます。

Linux Bonding（Bonding）

Bondingは、複数の物理NICを一つの仮想的なネットワークインターフェイスとして見せる仕組みです。チーミングと呼ばれる場合もあります。Bondingを使用することで、二つある物理NICのどちらか一方が故障してしまった場合でも、運用が継続される「冗長化」を実現できます。

また、各物理NICに負荷を分散することで性能を向上させることも可能です。1Gbpsのネットワークを2本束ねると2Gbpsにできますし、10Gbpsのネットワークを2本束ねれば20Gbpsにできます。Bondingの設定パラメータ次第で、冗長化、性能向上のどちらかを使用することも、両方を使用することも可能です。

Bondingには次の表にまとめた通り様々な方式があり、接続先のネットワークスイッチでも同様に、二つのポートを一つに束ねるように設定する必要がある場合がほとんどです。Bonding使用時には、接続先のネットワークスイッチが対応しているかどうかの確認も必要になるでしょう。

表7-1　Bondingの主な方式

方式	負荷分散	冗長性	接続先のネットワークスイッチに求められる機能	特徴
balance-rr	○	○	EtherChannel	Bondingの各ポートに順にパケットを送る
active-backup	×	○	—	Bondingのうち1ポートだけが有効になり、このポートに障害が起こると、代替のポートに切り替わる
balance-xor	○	○	EtherChannel	指定したハッシュポリシーを送信に使用する
broadcast	×	○	EtherChannel	Bondingのすべてのポートが同じパケットを送信する
LACP	○	○	LACP	802.3adの規格で策定された方式。負荷分散は別途ハッシュポリシーの指定が必要
balance-tlb	○	○	—	送信は負荷分散し、受信は片方のアクティブなポートが受ける
balance-alb	○	○	—	送受信とも負荷分散が可能

一般的には、冗長性を確保したいだけであればactive-backupを、負荷分散も行いたい場合はLACPを使用するのがお勧めです。

Linux VLAN（VLAN）

一般的な家庭内のLANがそうであるように、ネットワークスイッチを介してネットワークケーブルで接続されたノードはすべて、通常は同一のネットワークに所属します。VLAN（Virtual Local Area Network）は、こうしたネットワークを論理的に分割し、仮想的なネットワークを作る機能です。複数の仮想的なネットワークを、同一の物理的なネットワーク上に共存させることができるため、ネットワークごとに物理的な配線を行う必要がなく、ネットワークの敷設や保守にかかるコストを減らせるメリットがあります。

VLANは、先ほど解説したBondingを用いることによって得られた単一の大きなネットワーク帯域を、システム内でネットワーク分割して使用する場合にも使用されます。また、ブロードキャストされるパケットの通信はIPアドレスのサブネットを変えるだけでは分離できませんが、

VLANを用いれば分離が可能なため、セキュリティ向上の目的で用いられることもあります。

VLANにはいくつかの方式がありますが、主に使用されるのはポートVLANとタグVLANです。Proxmox VEでもこの2種類がWebインターフェイス上から設定できます。なお、VLANそのものについての詳細は本書の範囲を逸脱してしまうため省略します。

7-2 Webからネットワーク構成を設定する

ここからは、実際にいくつかの例を挙げながら、Webインターフェイスでネットワークを設定する手順を解説します。

■ 設定例1　Proxmox VEのIPアドレスを変更する

インストール時に設定したProxmox VEのIPアドレスを変更する例です。ネットワークの一覧から「vmbr0」を選択して、「編集」ボタンをクリックします。次のような「Linux Bridge」の編集画面が表示されます。

図7-3　「Linux Bridge」の編集画面

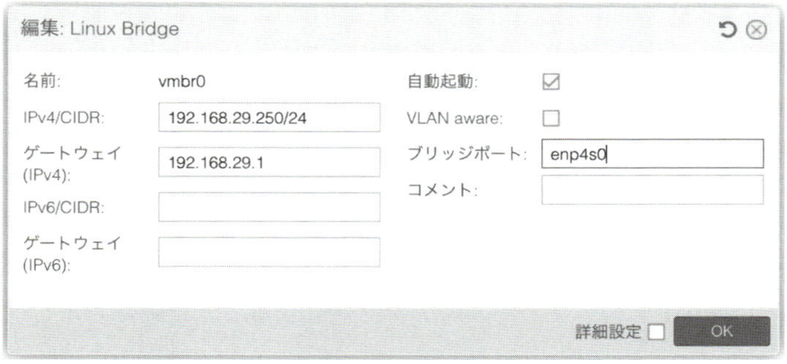

「IPv4/CIDR」に、Proxmox VEのIPアドレスが設定されています。この図では「192.168.29.250/24」が設定されていますが、これを「192.168.29.251/24」に変更してみましょう。変更後に「OK」ボタンをクリックすると、ネットワークのリスト上のIPアドレスは書き換えられますが、設定は自動的には反映されません。また、リストの下にボックスが表示されて、設定ファイルの変更差分が表示されます。

図 7-4 「ネットワーク」の設定画面で vmbr0 の IP アドレスを変更した設定例

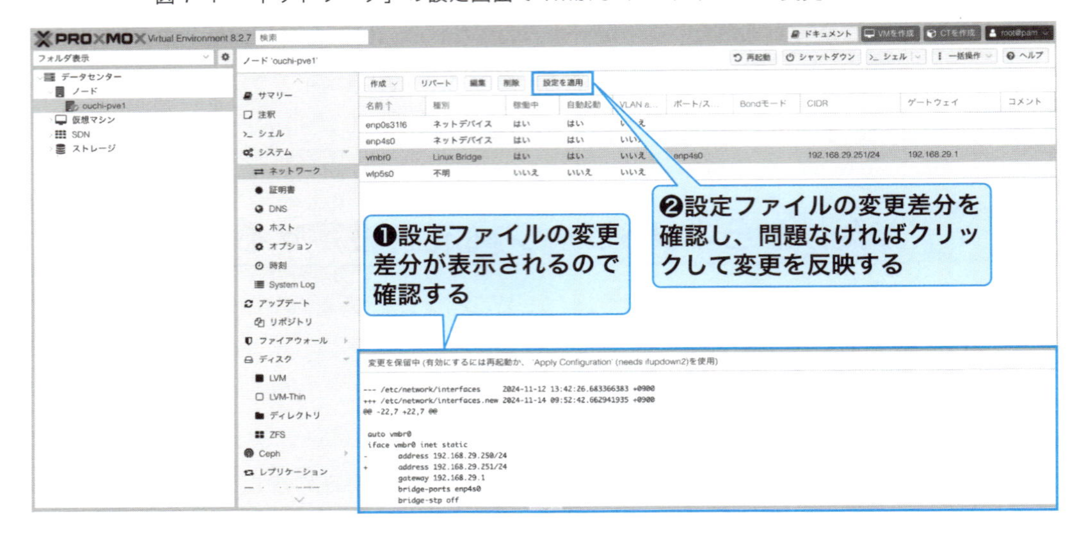

Proxmox VEのネットワーク設定は、ノード上の「/etc/network/interfaces」というファイルで管理されています。設定が変更されたときは、「/etc/network/interfaces.new」という名前で、変更後の設定を記述したファイルが生成されます。ユーザーが変更前後の差分に問題がないことを確認したうえで「設定を適用」ボタンをクリックすると、「/etc/network/interfaces.new」の内容が「/etc/network/interfaces」に反映される仕組みになっています。差分に問題があった場合は、「リバート」ボタンをクリックすると、設定を変更する前の状態に戻すことができます。

今回の変更差分を確認すると、IPアドレスが書き換えられていることが確認できました。他に変更はなかったので、「設定を適用」ボタンをクリックして変更を適用します。新しいIPアドレスで、ProxmoxのWebインターフェイスにアクセスできることを確認しましょう。

設定例2　Bondingを設定する

本例では、二つの1Gbpsの物理NICを搭載したノードを例に、2GbpsのBondingを作成するものとします。そのうえでデフォルトのブリッジネットワークで使用されているブリッジポートを、ネットデバイスからBondingに変更します。これによってデフォルトのブリッジネットワークの高速化と冗長化が実現できます。なお、ネットデバイスの名前は環境によって変わるため、自分の環境に合わせて適宜読み替えてください。ここでは「enp0s31f6」と「enp4s0」の二つのネットデバイスからBondingを作成するものとして、解説を進めます。

IPアドレスの変更と同様に、「vmbr0」の設定の編集画面を開いてください。「ブリッジポート」にはネットデバイスの名前が入力されていますが、ここを削除して空欄にします。

図 7-5 「ブリッジポート」を空欄にした後の vmbr0 の編集画面

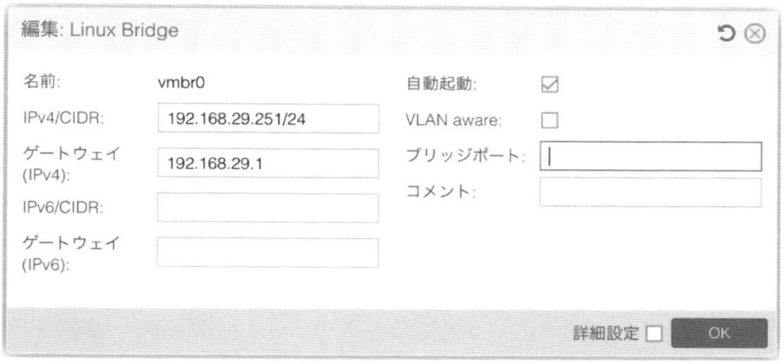

このようにネットデバイスの名前を削除する理由は、Proxmox VEではネットワークインターフェイスの使用状況を管理しているため、この手順を飛ばしてBondingデバイスを作成しようとすると、ネットデバイスが「vmbr0」で既に使用されていることからエラーとなってしまうためです。削除が完了したら「OK」をクリックしてください。

続いて「作成」ボタンをクリックして「Linux Bond」を選択します。「スレーブ」に使用する二つのネットデバイス名を「enp0s31f6 enp4s0」のようにスペースで区切って入力します。「モード」ではBondingの方式を選択します。今回はデフォルトの「balance-rr」を選択します。このモードはラウンドロビンモードで、冗長化と負荷分散の両方を実現できます。なお、ここではIPアドレスは指定しません。

図 7-6 「Linux Bond」の作成画面での「スレーブ」と「モード」の設定例

「作成」ボタンをクリックすると「bond0」がリストに追加されます。このインターフェイスを「vmbr0」のブリッジポートに使用するように設定します。再度「vmbr0」の設定の編集画面を開き、「ブリッジポート」に「bond0」と入力します。

図 7-7　「ブリッジポート」に「bond0」と入力した後の vmbr0 の編集画面

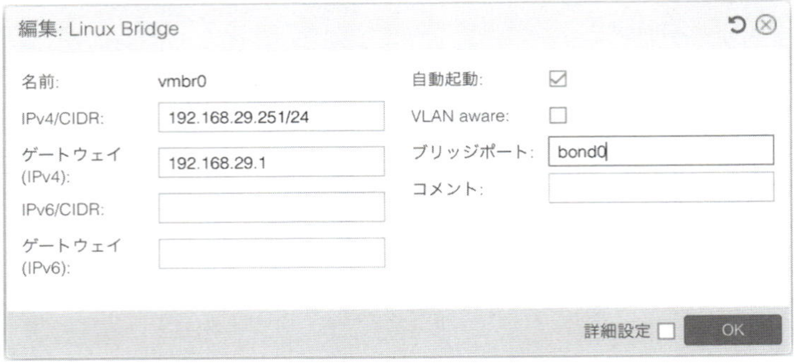

最後に設定ファイルの差分を確認します。問題がなければ「設定を適用」ボタンをクリックして、変更を適用します。

図 7-8　Bonding を設定した直後の「ネットワーク」の設定画面

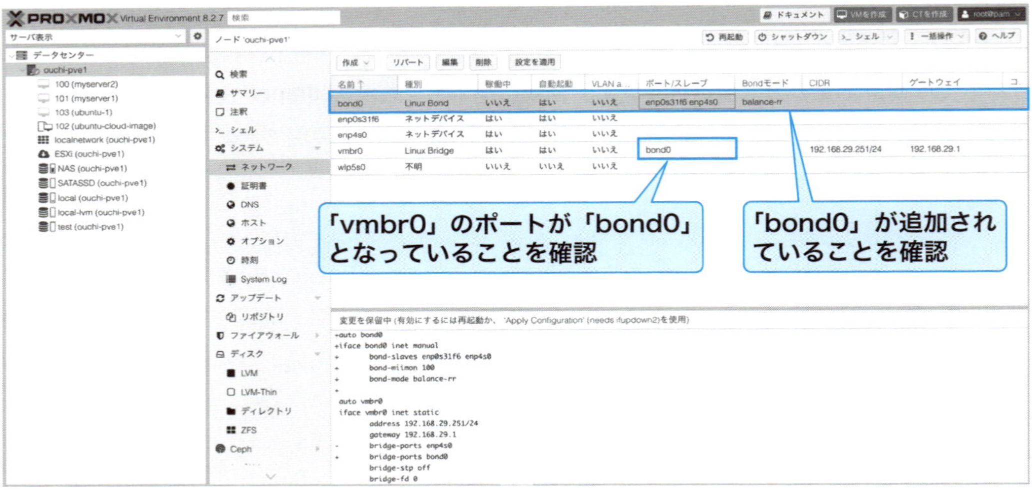

Bondingの効果を確認してみましょう。まず、両方の物理NICにネットワークケーブルが接続された状態にします。別のマシンからpingコマンドでProxmox VEに対して疎通確認をしながら、2本のネットワークケーブルを片方ずつ抜いたり差したりして、通信が途切れないことを確認します。

また「iperf3」というコマンドを用いると、ネットワークの性能測定が行えます。iperf3コマンドを用いた性能測定方法については、巻末の付録Aを参照してください。

設定例3　VLANを設定する

1個以上のタグVLANが設定され、複数のVLANに所属する物理ネットワーク接続を「トランクポート」と呼びます。Proxmox VEの物理NICにトランクポートを接続することで、様々なVLANを構成することができます。

ブリッジでVLANを有効化して使用する

ブリッジでトランクポートのVLANパケットを通過させるように設定すると、各仮想マシンのネットデバイスでVLAN IDを指定してVLANを使い分けることができます。

ブリッジでVLANを有効化するには、「Linux Bridge」の編集画面を開き「VLAN aware」のチェックボックスにチェックを入れます。

図7-9　「Linux Bridge」の編集画面でVLANを有効化するための設定例

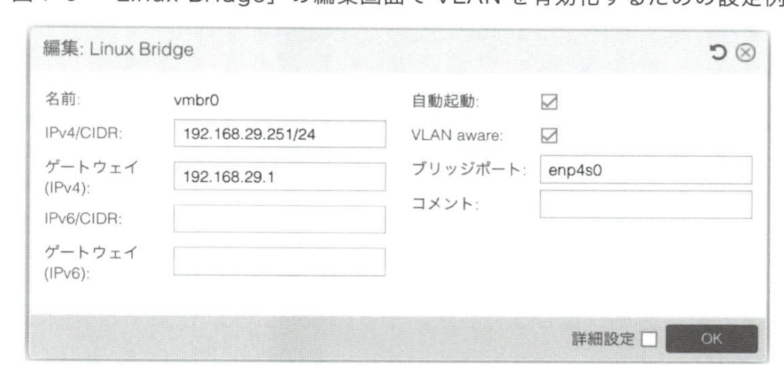

設定を適用すると、パケット中のVLAN情報がブリッジで破棄されずに、各仮想マシンへそのまま渡されるようになります。仮想マシンに届くようになったVLANは、2通りの使い方が可能です。

一つは、仮想マシンのネットデバイスでVLAN IDを入力する方法です。ネットデバイスは、指定されたVLAN IDに所属するようになります。ゲストOSはVLANを意識せずにIPアドレスだけ設定すればよいため、ゲストOS上でのネットワークの見え方がシンプルになります。

図 7-10　仮想マシンの「ネットデバイス」の編集画面で VLAN ID を指定したときの設定例
「VLAN タグ」に VLAN ID（ここでは「100」）を指定する。

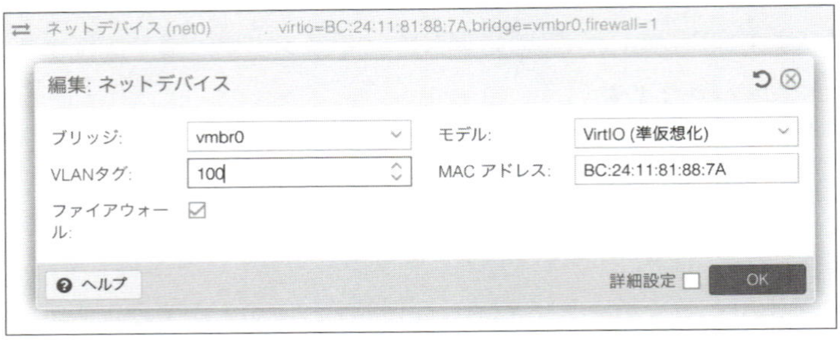

もう一つは、仮想マシンのネットデバイスにVLAN IDを入力しない方法です。この方法では、トランクポートのVLANがそのまま仮想マシンに提供されます。このため、ゲストOS側でVLANインターフェイスを作成してIPアドレスを設定する必要があります。

VLANインターフェイスでVLANを使用する

Linux VLANインターフェイスは、トランクポートに含まれるVLAN IDを使用してインターフェイスを作成できます。IPアドレスを設定するとProxmox VE上で利用できるようになるため、Proxmox VEのネットワークトラフィックを、ネットワークストレージ用（詳細は第6章を参照）やクラスター用（詳細は第9章を参照）などの機能ごとに分割する場合に便利です。

作成時には「名前」の項目に、「vlan+VLAN ID」という書式で指定します（例：vlan100）。入力すると、ユーザーが変更できない「VLANタグ」の項目にVLAN IDが示されます。

図 7-11　「Linux VLAN」の作成画面で VLAN インターフェイスを作成したときの設定例

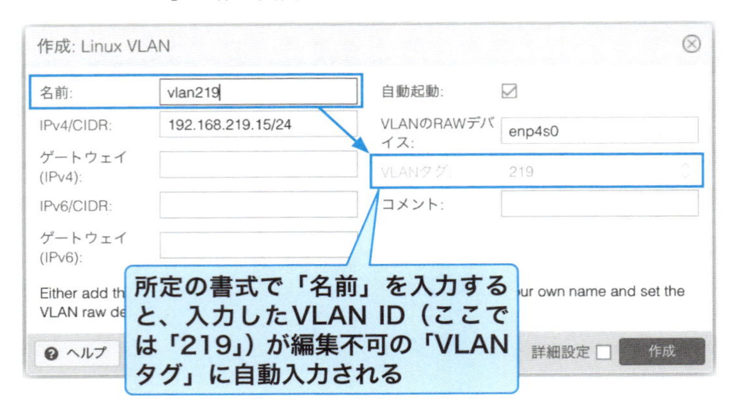

「IPv4/CIDR」をはじめ、アドレスの設定に関連した項目には、そのVLAN IDで使用されているネットワークの情報を指定します。後述のブリッジとの組み合わせのみに使用する場合は、アドレスの設定は不要です。「VLANのRAWデバイス」には、トランクポートが接続されたネットデバイスを指定します。

VLANインターフェイスとブリッジを組み合わせる

Linux VLANインターフェイスを使用したブリッジを作成すると、ブリッジ自体がVLANに所属したネットワークスイッチとなり、仮想マシンのネットデバイスでVLAN IDを入力する手間が省けます。この組み合わせを行う場合には、先にLinux VLANインターフェイスからアドレスの情報を削除します。代わりに、削除した設定はブリッジのアドレス設定に入力します。

「Linux Bridge」の作成画面を開き、「ブリッジポート」にLinux VLANインターフェイス名を指定します。VLANタグは扱わないため、「VLAN Aware」のチェックは不要です。Linux VLANインターフェイスで指定していたアドレスの情報も入力します。

「名前」は、命名規則に沿って自由に付けて構いませんが、VLAN IDか、VLANの用途がわかるような名前にすると、仮想マシンのネットデバイスでブリッジを選択する際に見つけやすくなります。

図7-12 「Linux Bridge」の作成画面でLinux VLANインターフェイスからブリッジインターフェイスを作成したときの設定例

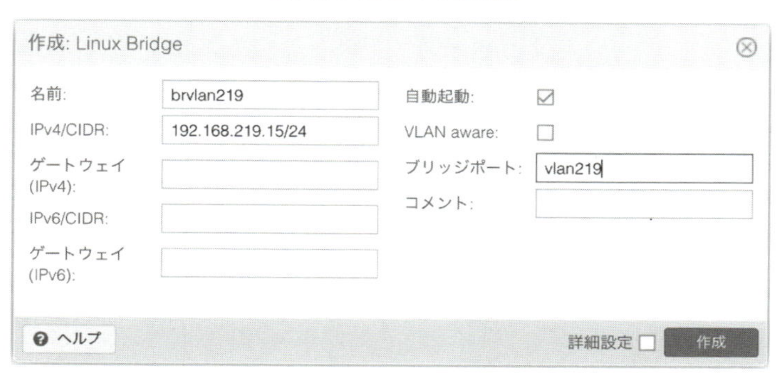

第8章

バックアップとリストア

Proxmox VEには、仮想マシンとコンテナのバックアップ機能が搭載されています。本章では、同機能を使ったバックアップとリストアの運用方法を紹介します。

8-1 サーバー環境を丸ごとバックアップできる

ITシステムに障害はつきものです。すべてのサーバーはダウンする宿命から逃れられませんし、どんなハードウェアも、いずれは必ず故障します。そのためシステム自体は一定期間を越えて使い続けることはできない、いわば消耗品であると考えるべきでしょう。ですがシステム上のデータは違います。システムは壊れても作り直せばよい話ですが、データが失われてしまっては業務の継続はできません。

そこで重要なのがバックアップです。バックアップによってデータさえ守ることができれば、仮にシステムに致命的な障害が発生したとしても、復旧の可能性は残されています。逆にバックアップから復元できなかったがために、終了せざるを得なかったサービスも、世の中には多く存在します。まさにバックアップは企業の存続に関わることもあるほど、重要な要件なのです。

一般的にバックアップといえば、データのコピーを別の場所へ退避することを指すでしょう。そのため、リストアを行いたい場合は新しいサーバーを用意して、データを書き戻すという作業が必要になります。対してProxmox VEのバックアップは、仮想マシンとコンテナに含まれるすべてのデータを、その構成情報とともにアーカイブします。バックアップにはOSを含む仮想マシン内のすべてのデータが含まれているため、アーカイブを展開するだけで、仮想マシンを健全な状態へ巻き戻すことが可能です。もちろんOSの再セットアップといった面倒な作業は必要ありません。

また、詳しくは後述しますが、バックアップは同じ仮想マシンにリストアするだけでなく、バックアップから新しい仮想マシンを作ることもできます。テストや検証目的で、稼働中のサーバーの複製を作ることも簡単です。こうした柔軟なサーバーの管理も、ハードウェアをソフトウェア的にエミュレーションしている仮想マシンならではのメリットだといえるでしょう。

Proxmox VEのバックアップは、Webインターフェイスまたはvzdumpコマンドで行います。Webインターフェイスから実行した場合も、内部的にはvzdumpコマンドが呼び出されています。

■ バックアップの保存先を用意しておく

バックアップを行うには、あらかじめバックアップを保存するストレージが、Proxmox VEに登録されている必要があります。デフォルトの設定でProxmox VEをインストールしたシングルノードの環境では、ISOイメージやコンテナテンプレートを格納しているのと同じ「local」ストレージに、バックアップを保存することになります。

図8-1　Webインターフェイスで「local」ストレージの「バックアップ」を表示した画面
デフォルトでは、ここにバックアップが保存される。

ですが「local」ストレージの実体は、仮想マシンを動かしているノード上のディレクトリです。同一ノード上に作成したバックアップは、ファイルを誤って消してしまったり、仮想マシンをうっかり壊してしまったりした場合の備えとしては役立ちますが、ノード本体の故障に対する備えにはなりません。もしもProxmox VEをインストールした物理ディスクが壊れてしまえば、バックアップもろとも全滅してしまいます。そこで可能であれば、別途NFSのようなネットワーク共有ストレージを用意するといった工夫も検討してください。ネットワーク共有ストレージについては、第6章を参照してください。

8-2　仮想マシンをバックアップする手順

それでは、実際に仮想マシンのバックアップを作成してみましょう。リソースツリーからバックアップを作成したい仮想マシンを選択してください。コンテンツパネルから「バックアップ」を選択し、上部にある「今すぐバックアップ」ボタンをクリックします。

図8-2　仮想マシンのバックアップを作成する手順

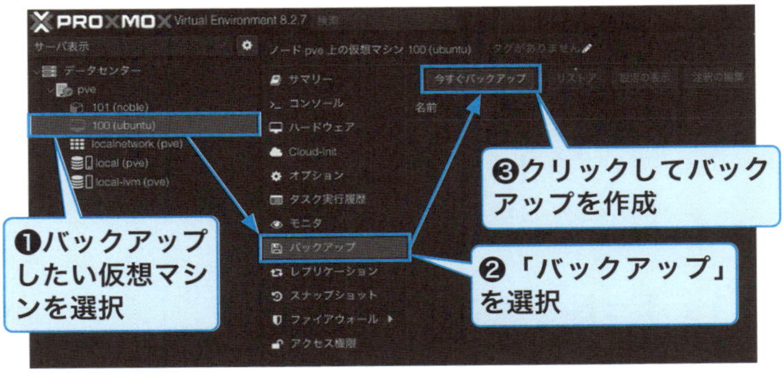

❶バックアップしたい仮想マシンを選択
❷「バックアップ」を選択
❸クリックしてバックアップを作成

次のようなバックアップの設定ダイアログが開きます。

図 8-3　バックアップの設定ダイアログ

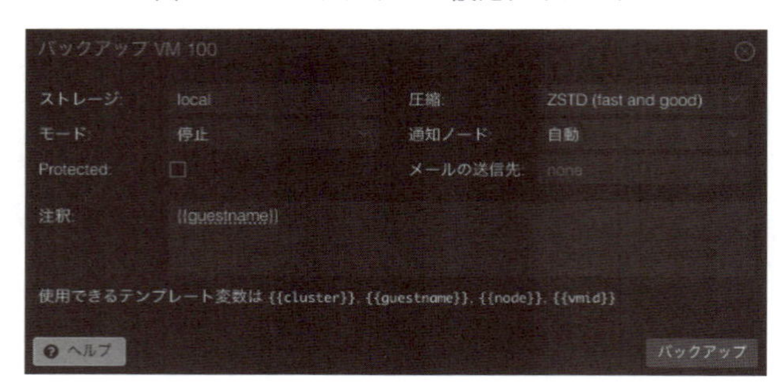

「ストレージ」は、先に述べたバックアップの保存先ストレージです。デフォルトでは「local」しか選択肢がありませんが、別途ストレージを接続している場合は、適宜選択してください。

バックアップの取得方法は三つのモードから選択

「モード」は、バックアップをどのように取得するかです。Proxmox VEの仮想マシンのバックアップには「停止」「一時停止」「スナップショット」の三つのモードが用意されています。それぞれの特徴は次の通りです。

「停止」モード

仮想マシンを完全にシャットダウンした後に、データのバックアップを行うモードです。仮想マシンを停止して行うため、ダウンタイムは最も長くなりますが、その反面、バックアップの整合性は最も高くなります。仮想マシンの停止が許容できるのであれば、このモードでバックアップを行うことを推奨します。

「一時停止」モード

現在では互換性上の理由からのみ提供されているモードです。仮想マシンを一時停止するため、ダウンタイムは長くなるものの、その割にバックアップの整合性が向上するとは限りません。そのためこのモードは使用せず、代わりにスナップショットモードを使用することが推奨されています。

「スナップショット」モード

仮想マシンを起動したままバックアップを作成するモードです。ダウンタイムを最小に抑えることができますが、起動中にバックアップを作成するという特性上、バックアップに整合性がなくなるリスクが少なからずあります。仮想マシンのダウンタイムと、バックアップの整合性のどちらを重視するかで、「停止」と「スナップショット」を使い分けるとよいでしょう。

「Protected」はチェックを入れておくと安心

「圧縮」は、どのような圧縮アルゴリズムでバックアップを圧縮するかの選択です。圧縮アルゴリズムには「lzo」「gzip」「zstd」の3種類が選択できます。この中ではzstdが最も高速なため、特に理由がなければ、デフォルトで選択されているzstdのままでよいでしょう。また「none(圧縮しない)」を選択することもできますが、あえて選択するメリットもないでしょう。

「通知モード」は、どのように通知を行うかの設定です。「Email (legacy)」に設定すると、Sendmailを介して指定されたアドレスにメールを送信します。「通知システム」に設定すると、Proxmox VEの通知システムを利用して送信され、「メールの送信先」に設定された内容は無視されます。「自動」に設定すると、「メールの送信先」にメールアドレスが設定されていればSendmailが利用され、設定されていない場合は通知システムが使用されます。なお通知システムについては、第5章を参照してください。

「Protected」は、このバックアップを保護するかどうかの設定です。ここにチェックを入れておくと、Proxmox VEのWebインターフェイスやコマンドラインインターフェイスから、そのバックアップを削除できなくなります。大事なバックアップでは、うっかりミスによる削除から保護するため、チェックを入れておくとよいでしょう。

「注釈」には、バックアップの簡単な説明を記述できます。バックアップを作成していても、いつ、どのような状況で作成したバックアップなのかがわからないと、リストアしてよいかの判断ができません。バックアップの内容を判断できるよう、注釈を付けることをお勧めします。なお、注釈内には次の表に挙げたテンプレート変数を利用できます。仮想マシンや環境よって変化する値を埋め込みたい場合に有効です。

表 8-1 「注釈」に指定できるテンプレート変数と挿入される値

テンプレート変数	挿入される値
{{cluster}}	クラスター名(クラスターを組んでいる場合)
{{guestname}}	仮想マシンの名前
{{node}}	バックアップが作成されているホストのノード名
{{vmid}}	仮想マシンのVM ID

必要な設定が終わったら、「バックアップ」ボタンをクリックしてください。バックアップの作成が始まります。

バックアップした仮想マシンを管理する

作成したバックアップは、リソースツリーからバックアップを作成したストレージを選択し、コンテンツパネルの「バックアップ」をクリックすると表示されます。このストレージ上に作成済みのバックアップがほかにもあれば、それらも含め一覧表示されます。ここからバックアップの管理を行えます。

図 8-4 「バックアップ」の管理画面

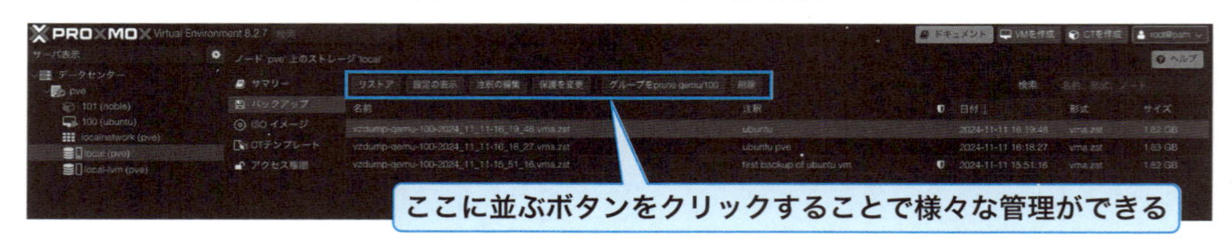

例えば、バックアップを選択し、上部にある「設定の表示」をクリックしてください。バックアップ元の仮想マシンの名前や、ハードウェア構成が表示されます。Proxmox VEのバックアップには、単にストレージ上のデータだけでなく、仮想マシンそのものの構成情報も含まれていることがわかります。

図 8-5 バックアップが持っている仮想マシンの構成情報

設定

```
boot: order=scsi0;ide2;net0
cores: 2
cpu: x86-64-v2-AES
ide2: local:iso/ubuntu-24.04.1-live-server-amd64.iso,media=cdrom,size=2708862K
memory: 2048
meta: creation-qemu=9.0.2,ctime=1730779071
name: ubuntu
net0: virtio=BC:24:11:5A:BE:FA,bridge=vmbr0,firewall=1
numa: 0
onboot: 1
ostype: l26
scsi0: local-lvm:vm-100-disk-0,iothread=1,size=32G
scsihw: virtio-scsi-single
smbios1: uuid=bbb940f1-8b19-418b-9838-9da98226cda7
sockets: 1
vmgenid: 3d2a4aa3-38c4-4d8c-9fd9-054d1e203206
#qmdump#map:scsi0:drive-scsi0:local-lvm:raw:
```

「注釈の編集」をクリックすると、バックアップ作成時に記述した注釈を編集できます。ただし先ほど述べた「{{cluster}}」や「{{node}}」といったテンプレート変数は、バックアップの作成時に具体的な値に展開されます。そのため後からの編集では、テンプレート変数は使えないことに注意してください。

図 8-6 「注釈」の編集画面

「保護を変更」をクリックすると、そのバックアップの保護の有効/無効を切り替えられます。現在の保護の状態は、バックアップ一覧にある「盾」のアイコンの有無で判断できます。

図 8-7 バックアップの一覧に表示されている「盾」のアイコン

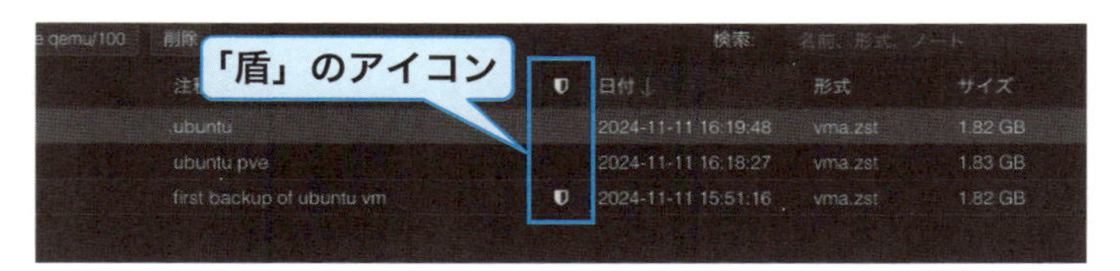

不要になったバックアップは削除できます。削除したいバックアップを選択したうえで、「削除」をクリックしてください。以下のような確認ダイアログが表示されるので、本当に削除してよければ「はい」をクリックします。

図 8-8 「削除」をクリックすると表示される確認画面

長期間運用を継続していると、古いバックアップが溜まり、ストレージを圧迫してしまいます。そこで不必要な古いバックアップは、定期的に「掃除」する必要があります。この作業を「Prune（剪定する、取り除く）」と呼びます。Proxmox VEのバックアップは、内部的に仮想マシンのVM ID単位でグループ分けされています。例えばVM IDが100の仮想マシンから、三つのバックアップが作成済みの状態であるとしましょう。この状態で該当するバックアップを選択し、「グループをprune qemu/VM ID」ボタンをクリックしてください。次のようなPruneのウィンドウが開きます。

図8-9　バックアップの「Prune」の実行画面

左側には、どのバックアップを残すかという条件を指定します。右側には、現在存在するバックアップの一覧と、指定した条件でPruneした結果が表示されています。ここでは「最後を保持」に「1」と入力しました。つまり最新のバックアップ一つのみを保持し、それ以外を削除するという設定です。これにより、最新のバックアップである「2024-11-11 16:19:48」の「Keep」が「true」となります。対して2番目のバックアップである「2024-11-11 16:18:27」の「Keep」は「false」となり、Pruneを実行すると削除されることがわかります。また、最も古いバックアップである「2024-11-11 15:51:16」は、本来であれば削除対象となりますが、バックアップの保護が設定されているため、無条件で「Keep」が「true」となっています。

「Prune」をクリックすると、設定した条件通りにバックアップの削除が行われます。

バックアップした仮想マシンをリストアする

バックアップの作成は目的ではありません。あくまで目的はデータを喪失から保護することであり、バックアップはそのための手段でしかないのです。つまりバックアップは作成しただけでは意味がありません。正しくリストアできて、はじめてバックアップに存在価値が出てきます。その点、Proxmox VEではリストア手順について複雑なことを考える必要はありません。Proxmox VEでは、仮想マシンを丸ごとバックアップしているので、このデータを書き戻すだけで仮想マシン全体をバックアップ時の状態へ復元できます。

ただし、「どのバックアップをリストアすればよいか」はユーザーが正しく判断できなければなりません。そのためバックアップの作成日や注釈などから、きちんとバックアップを区別できるようにしておきましょう。

具体的なバックアップのリストア手順は次の通りです。

仮想マシンが動作中であるならば、まずはシャットダウンを行ってください。リストアはバックアップの作成とは異なり、仮想マシンが完全に停止した状態で行わなければなりません。リストアするのがたとえ、仮想マシンを動かしながらスナップショットモードで取得したバックアップであってもです。

図 8-10　仮想マシンの起動中にリストアを実行すると表示されるエラーメッセージ
リストアに失敗して、このメッセージが表示される。

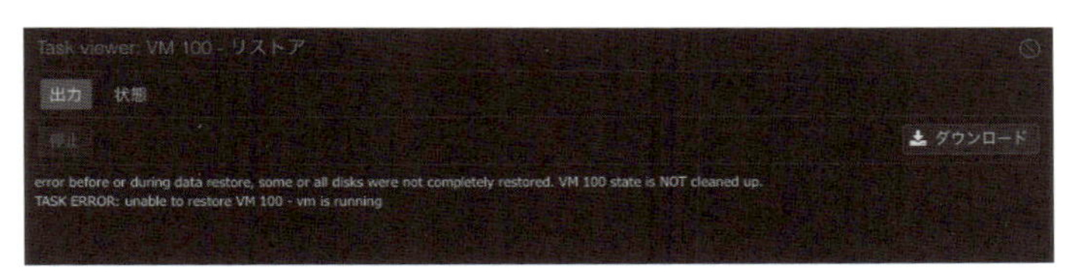

シャットダウンが完了したら、リソースツリーから対象となる仮想マシンを選択してください。コンテンツパネルから「バックアップ」を選択すると、過去にこの仮想マシンから作成したバックアップの一覧が表示されます。ここでリストアしたいバックアップを選択し、上部にある「リストア」ボタンをクリックします。

図 8-11　リストアを開始する手順

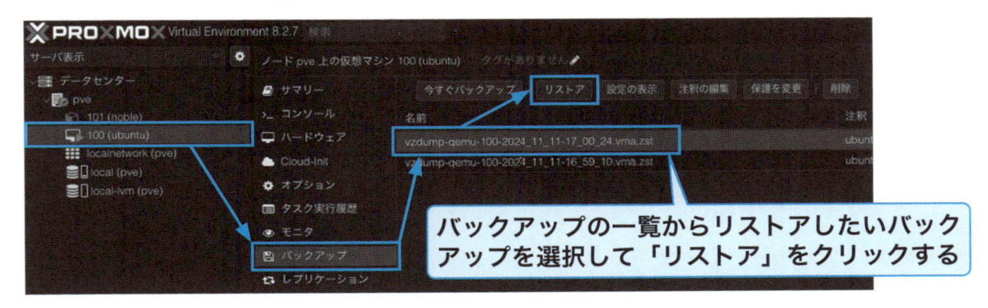

次のようなリストア設定を行うダイアログが開きます。

図 8-12　仮想マシンのリストアの設定画面

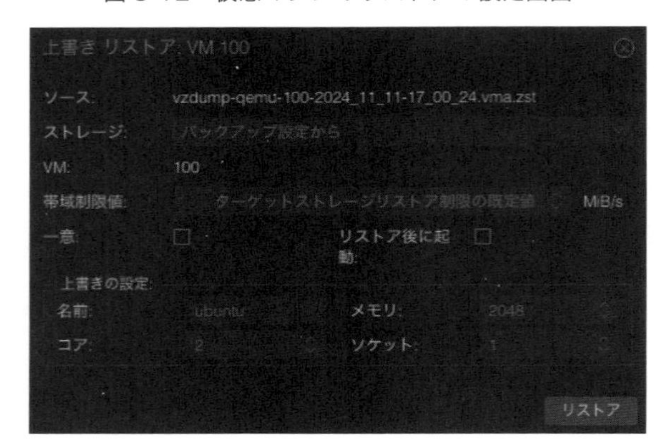

「ソース」には、リストアするバックアップのファイル名が表示されています。間違いがないか、くれぐれもよく確認してください。

「ストレージ」は、バックアップをリストアする先のストレージを選択します。デフォルトでは「バックアップ設定から」となっており、バックアップの取得元と同じストレージにリストアが行われます。

「VM」はリストア先のVM IDです。ここでは仮想マシンを指定してリストア操作を行っているため、対象は変更できません。別のVMへリストアを行う方法は後述します。

「帯域制限値」は、ストレージの帯域に制限をかける設定です。リストア作業は、バックアップを読み出すストレージと、リストア先のストレージに大きな負荷をかけるため、これが他の仮想マシンの動作に影響を与える可能性があります。これを避けるため、あえてリストア作業に使用する帯域幅を「絞る」ことができます。

「一意」は少し意味がわかりにくい表記ですが、ここにチェックを入れておくと、リストア後の仮想マシンのネットワークインターフェイスに新しいMACアドレスを付与します。チェックを入れなかった場合は、バックアップに含まれるMACアドレスが復元されます。そのため、MACアドレスを再生成した仮想マシンに古いバックアップをリストアすると、MACアドレスが「巻き戻る」可能性がある点に注意してください。

「リストア後に起動」は文字通りの意味で、ここにチェックを入れておくと、リストア完了後に仮想マシンを自動的に起動します。

「上書きの設定」では、リストア後の仮想マシン名、メモリ、CPUソケットとコア数を変更できます。

設定が完了したら「リストア」ボタンをクリックしてください。バックアップが復元されます。

8-3 バックアップから新規仮想マシンを作成

バックアップは、取得した仮想マシンだけでなく、別の仮想マシンにリストアすることもできます。つまり、バックアップをベースとして新規の仮想マシンを作成することもできるのです。特定の状態から同一の仮想マシンを量産することができるため、テストや障害発生時の検証作業に便利です。

対象を指定してリストアを行うには、仮想マシンのコンテンツパネルではなく、ストレージのコンテンツパネルから行います。

まず、リソースツリーから対象のバックアップが含まれているストレージを選択してください。以後の作業は同一で、コンテンツパネルから「バックアップ」を選択してから、リストアしたいバックアップをクリックします。

バックアップを選択できたら、上部にある「リストア」ボタンをクリックしてください。

図 8-13　バックアップから新規仮想マシンを作成する手順
仮想マシンではなくストレージからバックアップを選択する。すべての仮想マシン（とコンテナ）のバックアップが表示されるため、取り違えないように注意する。

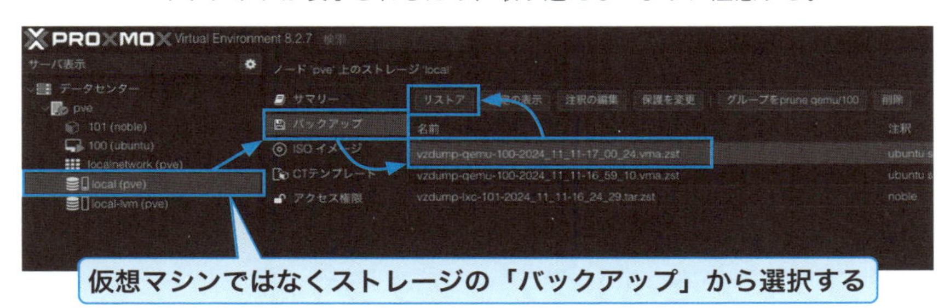

次のようなリストアのダイアログが表示されます。基本的には先に述べた仮想マシンのリストアと同一ですが、VM IDを自由に変更できるようになっています。

図 8-14　新規仮想マシンにリストアするときの設定画面
ストレージ側からリストアを行うと、対象の VM ID を自由に変更できる。

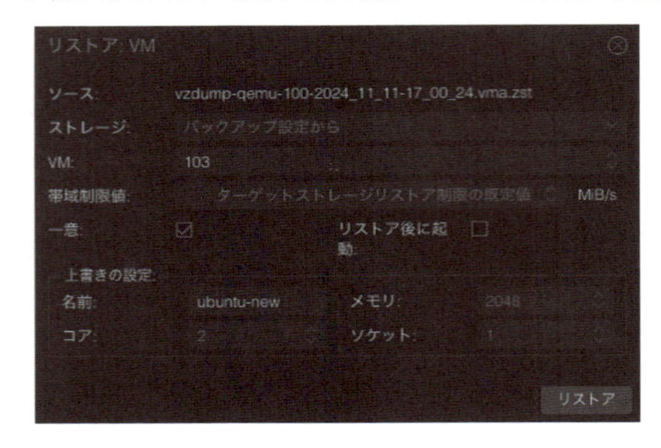

ここで存在しないVM IDを指定すると、そのVM IDで新しい仮想マシンが作成され、バックアップがリストアされます。なおVM IDにはデフォルトで、新規仮想マシン作成時と同じく、空いている最小のVM IDが指定されています。

バックアップから新規仮想マシンを作成する場合は、「一意」にチェックを入れ、MACアドレスを再生成することを強く推奨します。このチェックを入れなかった場合は、バックアップ元と同じMACアドレスが復元されてしまうため、2台の仮想マシンを同時に起動するとMACアドレスの重複による通信障害を起こします。また「上書きの設定」で、仮想マシンの名前も変えておくとよいでしょう。

8-4 コンテナをバックアップする手順

Proxmox VEでは、仮想マシンと同じ手順で、コンテナのバックアップも可能です。バックアップ時に設定できる項目も仮想マシンと同一です。

図 8-15　コンテナのバックアップの設定画面

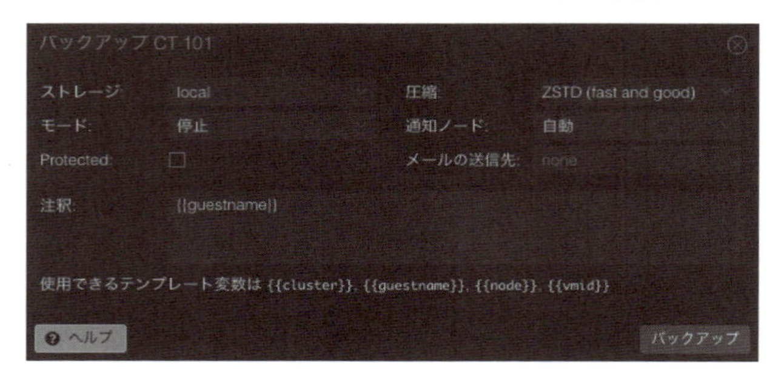

ただし一部のバックアップモードの挙動が仮想マシンとは少し異なります。

「停止」モード

「停止」モードでは、コンテナを停止してバックアップを作成します。ダウンタイムは最も長くなるものの、バックアップの整合性が最も高くなります。このモードについては、仮想マシンと同様です。

「一時停止」モード

「一時停止」モードは、内部的にrsyncコマンドを用いて、コンテナ内のデータを一時的な領域にコピーします。その後コンテナを一時停止し、1回目のコピー中に変更のあったファイルを、再度コピーし直します。大部分のデータのコピーを行う1回目をコンテナ起動中に行うため、ダウンタイムを最小に抑えることができます。またコンテナを一時停止した後に再度のコピーを行うことで、バックアップの整合性も確保できます。ただし一時データを保存する領域が必要となるため、ストレージに追加の作業スペースが必要となる点に注意してください。また、バックアップ先がNFSやCIFSなどのネットワーク共有ストレージであった場合、パフォーマンスが極端に落ちる可能性があります。

「スナップショット」モード

「スナップショット」モードでは、ストレージ側のスナップショット機能を使用してバックアップを作成します。バックアップの整合性を確保するため、コンテナを一時停止した後に、コンテナボリュームの一時スナップショットが作成されます。そして、一時スナップショットの内容をアーカイブファイルに書き出した後、一時スナップショットは削除されます。Proxmox VEのデフォルトのストレージを使用している場合、これはLVM上に論理ボリュームを作成することで行われています。

■ バックアップしたコンテナをリストアする

バックアップと同様に、リストアにおいてもコンテナと仮想マシンの違いはほぼありません。リストアを実行すると、次のダイアログが表示されます。コンテナには「特権レベル」が存在するため、リストア後のコンテナの特権レベルを変更できる点のみが、仮想マシンのときと異なっています。

図 8-16　コンテナのリストアの設定画面

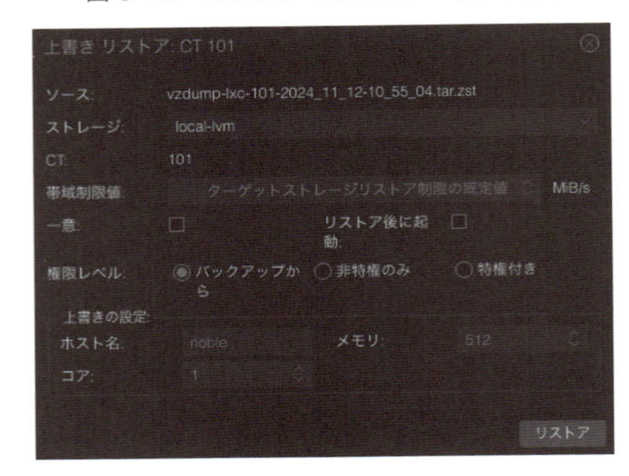

なお、仮想マシンと同じくリソースツリーで個別のコンテナではなくストレージを選択してリストアを行うと、CT IDを書き換えてバックアップから新規コンテナを作れます。

8-5 バックアップを定期的に実行する

サーバー用途の仮想マシンでは、「毎日決まった時間にバックアップを取得したい」という要望はよくあります。ですが、こうしたタスクはサーバーを利用するユーザーが少なく、サーバーがリソースを持て余している夜間に行うのが定番です。このようなタイミングを人間が見計らい手作業で行うのは、現実的ではないでしょう。Proxmox VEでは「バックアップジョブ」を用いて、バックアップを任意のタイミングで自動実行できます。

リソースツリーから「データセンター」を選択してください。続いてコンテンツパネルから「バックアップ」を選択すると、バックアップジョブの管理画面が表示されます。

図 8-17　「バックアップジョブ」の管理画面

バックアップジョブの管理画面の上部にある「追加」ボタンをクリックしてください。バックアップジョブの設定ダイアログが開きます。

図 8-18 「バックアップ Job」の設定画面

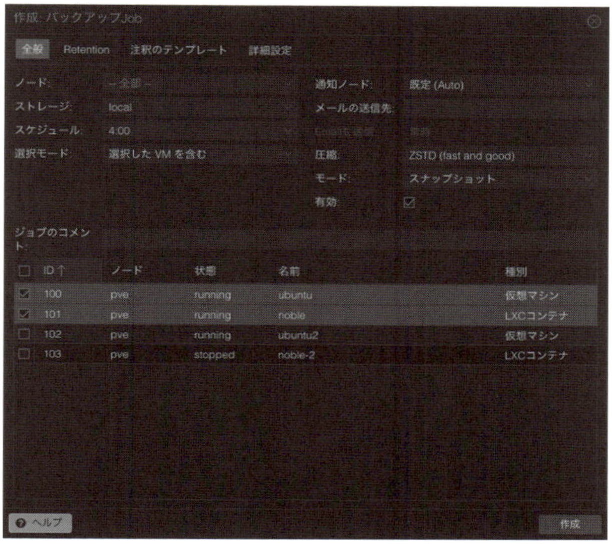

画面の上部に並んでいる「全般」「Retention」「注釈のテンプレート」「詳細設定」をクリックすると設定画面が切り替わります。それぞれの設定項目を「全般」から順に紹介します。

全般

「全般」では、そのバックアップジョブの対象や実行タイミングなど、全般的な設定を行います。

「ノード」は、バックアップ対象とする仮想マシンやコンテナが稼動しているノードの選択です。通常は「全部」としておけばよいでしょう。ここで選択したノード上で動作している仮想マシンとコンテナが、ダイアログ下部にリストアップされます。

「ストレージ」は、バックアップの作成先となるストレージです。通常のバックアップと同様に設定してください。

「スケジュール」は、このバックアップジョブを実行するスケジュールです。ドロップダウンリストを表示すると、よくあるスケジュールの例がいくつか登録されています。これをベースに書き換えるのが簡単でしょう。例えば「4:00」と指定すると、毎朝4時に実行されます。

手入力で指定することも可能で、通知Matcherの「カレンダーに一致」と同様の書式で、実行スケジュールを指定できます。カレンダーイベントについてはProxmox VEのドキュメント[*1]を、通知Matcherについては第5章を参照してください。

「選択モード」は、バックアップ対象をどのように選択するかの指定です。「選択したVMを含む」では、下部のリストでチェックを入れた仮想マシンとコンテナが対象となります。「選択したVMを除外」は、その逆となります。「全部」ではすべての仮想マシンとコンテナが対象となります。「Poolベース」では、リソースプール単位で対象を指定できます。

「通知モード」「メールの送信先」「圧縮」「モード」は、手動でのバックアップ時と同様です。

「有効」にチェックを入れると、このバックアップジョブが有効になります。ジョブは設定したものの、一時的に停止したいような場合は、後からルールを編集し、このチェックを外してください。

「ジョブのコメント」は、文字通りこのバックアップジョブに付けられるコメントです。どのような意図で行っているバックアップなのか、わかりやすいコメントを記述しておくとよいでしょう。

Retention

自動的にバックアップを作成していると、いずれストレージは古いバックアップであふれてしまいます。そこで不要になった古いバックアップは、自動で削除すると便利です。Retentionでは「バックアップの管理」の「Prune」で説明したのと同様に、古いバックアップを自動的に削除する設定を行えます。

図8-19 「Retention」の設定画面

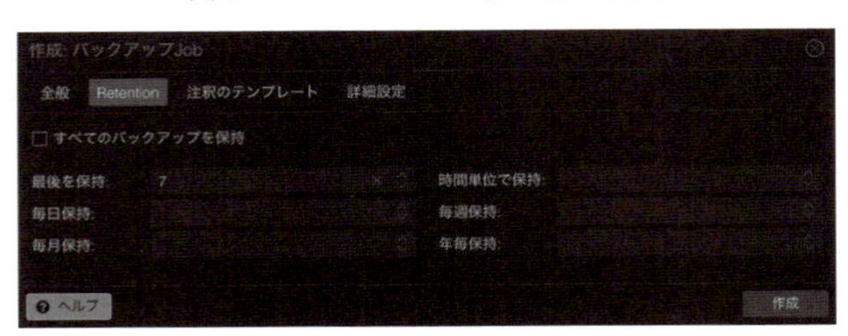

「すべてのバックアップを保持」にチェックを入れると、削除は行われません。また以下のオプションはすべて設定できなくなります。

「最後を保持」では、最新のバックアップから数えて何世代までのバックアップを保持するのかを指定します。

---

*1 https://pve.proxmox.com/wiki/Calendar_Events#chapter_calendar_events

「時間単位で保持」は、過去何時間前までのバックアップを保持するのかを指定します。例えば「4」を指定すると4時間前から現在までに保存されたバックアップを保持し、4時間を過ぎたバックアップは自動で削除されます。ただし、保持するバックアップは1時間当たり1個のみで、1時間に複数回のバックアップを行った場合は、その時間の最新のバックアップが保持されます。

「毎日保持」は、過去何日前までのバックアップを保持するのかを指定します。保持するバックアップは1日当たり1個のみで、1日に複数回のバックアップを行った場合は、その日の最新のバックアップが保持されます。

「毎週保持」は、過去何週前までのバックアップを保持するのかを指定します。保持されるのは1週間当たり1個のみで、1週間に複数回のバックアップを行った場合は、その週の最新のバックアップが保持されます。

「毎月保持」は、過去何ヶ月前までのバックアップを保持するのかを指定します。保持するのは1ヶ月に1個のみで、1ヶ月に複数回のバックアップを行った場合は、その月の最新のバックアップだけが保持されます。

「年毎保持」は、過去何年前までのバックアップを保持するのかを指定します。保持するのは1年当たり1個のみで、1年に複数回のバックアップを行った場合は、その年の最新のバックアップだけが保持されます。

項目は複数指定できるがクセがあるので注意

これらの項目は複数指定が可能で、ここで解説した順番に判定されます。例えば次のような要件があったと想定します。

- 毎日バックアップを取り、最低でも1週間は保持したい
- だが手動でも頻繁にバックアップを取るため、単純な世代数を指定すると意図しない削除が発生する恐れがある
- 手動で取ったバックアップは長期保存する必要はない

一つめの要件を満たすには、「最後を保持」に「7」とだけ指定すればよさそうです。けれども、二つめの要件で「手動でも頻繁にバックアップを取る」とあり、もし手動で1回バックアップを取ってしまうと7世代前、つまり7日前のバックアップが削除されてしまい、過去6日分しかバックアップが保持されないことになります。

では「毎日保持」に「7」と指定したらどうでしょうか。すると、今度は手動で取ったバックアップが最新の1個だけを残し、それ以前に手動で取った分が翌日には削除されてしまいます。

そこで「最後を保持」に「5」を指定し、かつ「毎日保持」に「7」を指定します。これにより、まずは直近から5個のバックアップが保持されます。それとは別に、過去7日分のその日の最新のバックアップが保持されそうです。

ただし、複数の項目を指定した場合の保持の仕方には、少しクセがあるため注意が必要です。例えば、先ほどのように「最後を保持」に「5」、「毎日保持」に「7」と設定した環境で、毎朝1回のバックアップジョブに加え、昨日1回、今日2回の手動バックアップを行ったとしましょう。このバックアップの状況は、次に示すような結果となりました。

図8-20 「最後を保持」に「5」、「毎日保持」に「7」と設定した環境でのバックアップの状況
まず最新から5個のバックアップが保持され、その次のバックアップから7日前までのその日の最新の一つを保持する。

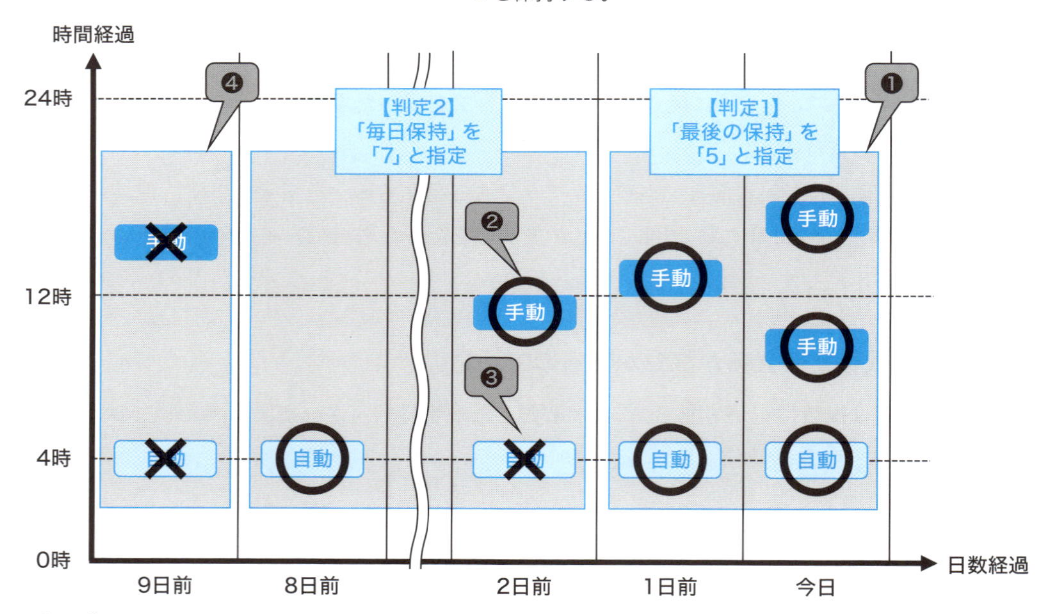

この図を見てわかる通り、8日前のバックアップが保持される結果となります。多くの人が、「毎日保持」に「7」と設定しているのに、なぜ8日前のバックアップが保持されるのかと疑問に感じるかもしれません。では、なぜこのような結果になるのかを説明します。

まず「最後を保持」を「5」と指定したことで、今日の3個（手動で2個、バックアップジョブで1個）と、昨日の2個（手動で1個、バックアップジョブで1個）が保持されます。ここま

では、多くの人の想定通りでしょう。問題は、次の「毎日保持」を「7」と指定したバックアップの保持の仕方です。多くの人は「毎日保持」に「7」と指定すれば「今日から7日前までの各日の最新のバックアップが保持される」とイメージするでしょう。ところが、実際には既に保持の対象となった直近5個のバックアップを除いた、その次のバックアップからカウントされるのです。つまり、この例では一昨日（2日前）の最新のバックアップが1日めとしてカウントされるため、結果として（保持する期間は7日と設定しているにもかかわらず）8日前までのバックアップが保持されることになります。

また、この状態で今日さらに2個の手動バックアップを取ったとしましょう。すると「最後を保持」を「5」と指定した対象が、すべて今日のバックアップになるため、昨日のバックアップが1日前のバックアップとしてカウントされることになります。つまり、この場合、先の例では保持されていた8日前のバックアップは削除対象となります。

オプションの組み合わせとバックアップ状況によっては、「毎日保持」に「X」を設定していたとしても、それが「今現在からカウントしてX日前」に当たるとは限らない点に注意してください。とはいえ、どのような状況であっても設定した日数よりも少なくなることはないので、そこまで神経質になる必要もないでしょう。

注釈のテンプレート

「注釈のテンプレート」では、作成されるバックアップに付けられる注釈のテンプレートを設定できます。手動で作成したバックアップと区別できるような注釈を付けておくとよいでしょう。また複数の仮想マシンやコンテナを同時にバックアップするような場合は、テンプレート変数をうまく活用しましょう。

図8-21 「注釈のテンプレート」の設定画面

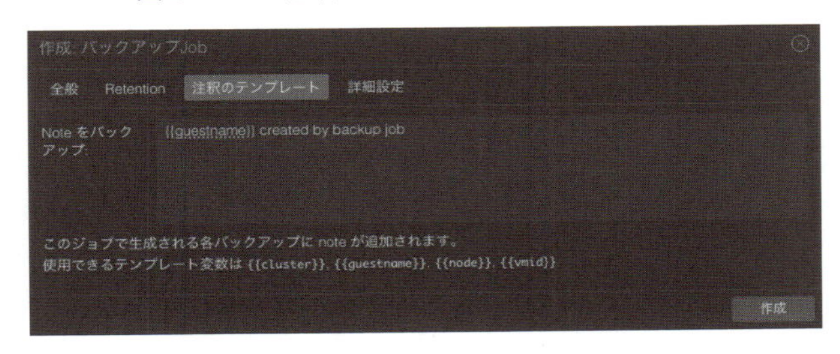

詳細設定

「詳細設定」では、ジョブIDの指定や帯域制限、zstdのスレッドなどを設定できます。ここで設定したジョブIDは、通知Matcherのルールに利用できます。特定のバックアップジョブについて、通知先を細かく制御したいような場合に便利です。

ただし、どれも高度なオプションなうえ、基本的にはデフォルトのままで構わないため、ここでの詳細な解説は省きます。

図 8-22 「詳細設定」の設定画面

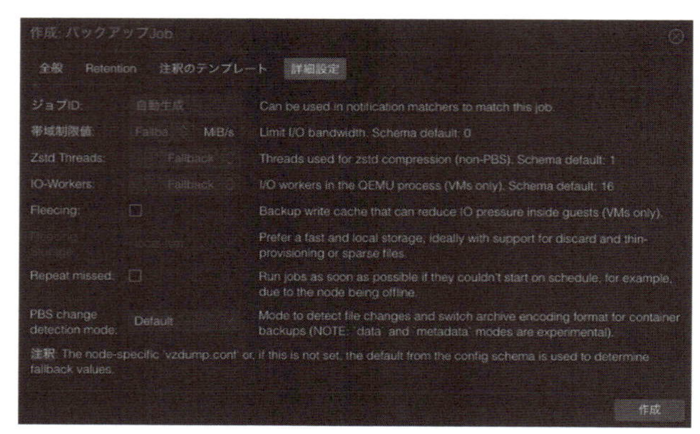

設定が完了したら「作成」ボタンをクリックしてください。バックアップジョブが作成されます。

8-6 バックアップジョブを管理する

作成したバックアップジョブは、「データセンター」の「バックアップ」に一覧表示されます。

図 8-23 「バックアップ」の管理画面に表示されたバックアップジョブの一覧

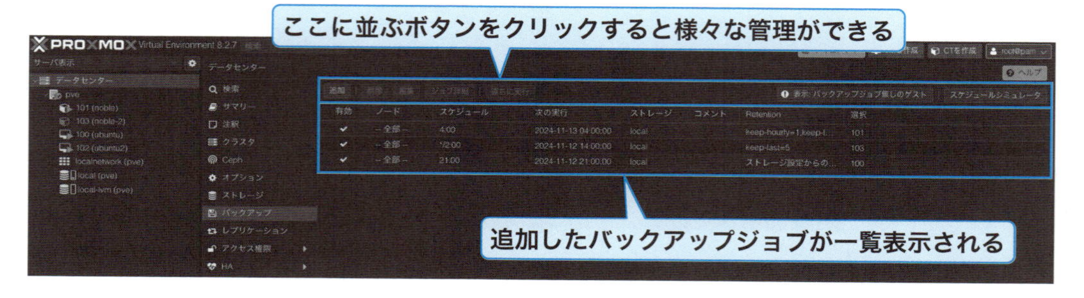

このバックアップジョブの一覧の上部に並んでいるボタンをクリックすることで、様々な管理が可能です。主な管理機能を紹介します。

「ジョブの詳細」ボタン

バックアップジョブをクリックして選択した状態で、上部にある「ジョブ詳細」をクリックすると、そのバックアップジョブの詳細な情報を確認できます。ここでは次の実行スケジュールが具体的な日次で表示されるため、意図したタイミングで実行されるのかを確認したいときに便利です。

図 8-24 「バックアップジョブ詳細」の画面

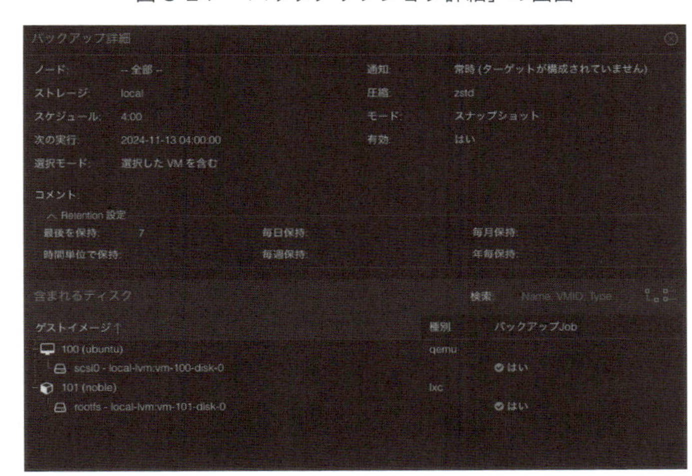

「バックアップジョブ無しのゲスト」ボタン

「バックアップジョブ無しのゲスト」をクリックすると、バックアップジョブによるバックアップの対象に含まれていない仮想マシンとコンテナが一覧表示されます。企業では「すべての仮想マシンは毎日バックアップを取ること」といった運用ポリシーが定められているケースもあるでしょう。ここを確認することで、バックアップの設定漏れを防げます。

図 8-25 「バックアップジョブ無しのゲスト」の画面
定期的なバックアップの対象から漏れている仮想マシンとコンテナを確認できる。

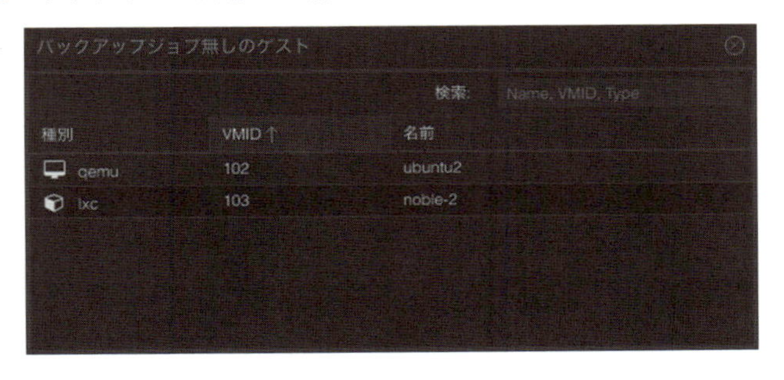

「スケジュールシミュレータ」ボタン

Proxmox VEのスケジュールフォーマットは、そのルールに慣れないと設定しづらいかもしれません。そのため新しく設定したバックアップジョブが、本当に意図したタイミングで起動するのかと不安になることもあるでしょう。ですが徹夜をしてジョブの起動を見守る必要はありません。スケジュールシミュレータを使って確認できるからです。

「スケジュールシミュレータ」をクリックすると、次のウィンドウが表示されます。

図8-26 「スケジュール・シミュレータ」の画面
スケジュールフォーマットから具体的な実行タイミングを調べられる。

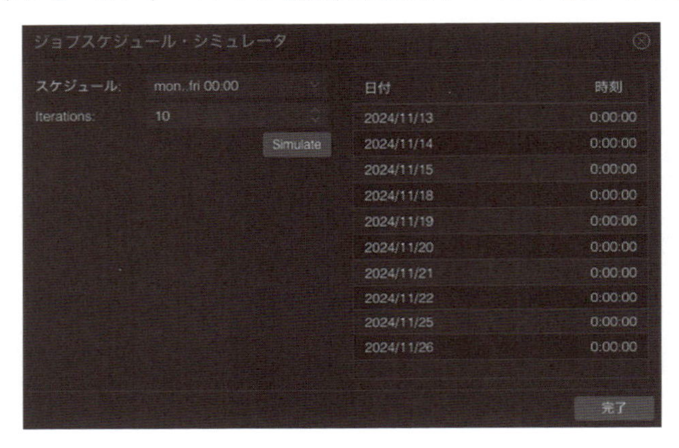

左側の「スケジュール」に、Proxmox VEのスケジュールフォーマットを記述してください。右側に、直近の実行スケジュールが、具体的な日次に展開されて表示されます。表示されるスケジュールの件数は、「Iterations」で指定できます。

第9章

クラスターとHA

Proxmox VEが標準で備える二つの機能「クラスター」と「HA（High Availability）」を活用することで、障害に強い堅牢なシステムを構築できます。本章では「クラスター」と「HA」の設定手順と運用方法について解説します。

9-1 クラスターとHAの概要

クラスターとは、複数のコンピューターシステムをネットワークで接続して、一つのシステムであるかのように利用できる技術です。複数のコンピューターをまとめることで、コンピューティングリソースをまとめて利用できるようになります。また、クラスター内の一部システムに障害やメンテナンスの必要性が発生しても動作が継続できる高可用性を確保できるメリットがあります。

HA（High Availability）とは、可用性を高めたシステムを指す用語です。システムをなるべくダウンさせず、ダウンしてしまったときにも、ダウンタイムを最小化するための様々な仕組みをいいます。例えばハードウェアであれば、ネットワークのBondingや、ディスクのRAID構成、2系統接続可能な電源構成などの冗長化が挙げられます。クラスタリングもHAに該当する技術といえます。

二つの機能を組み合わせることで、システム障害に強い堅牢なシステムを構築できます。まずはクラスター機能から詳しく見ていきましょう。

9-2 Proxmoxのクラスター機能

Proxmox VEのクラスター機能は、複数のノードをまとめて、一元管理できるようにするための機能です。共有ストレージを用意して仮想マシンやコンテナのデータを配置すれば、仮想マシンやコンテナが無停止でクラスター内のノード間を移動できる「ライブマイグレーション」が利用できるようになります。これによって、ノードのメンテナンスのために仮想マシンやコンテナを停止する必要がなくなるため、可用性が向上します。

同様の機能は、Broadcom社の仮想化プラットフォーム製品「VMware vSphere」にも実装されていますが、複数ノードを一元管理するためには統合管理製品「vCenter Server」を導入する必要があります。Proxmox VEは、Proxmox VE自身がクラスター機能を備えているため、管理のためのシステムを別途用意しなくても複数ノードの一元管理が実現できます。また、クラスターの管理は基本的にWebインターフェイスから簡単に実行できます。

Proxmox VEのクラスター機能は、オープンソースのクラスターエンジンである「The Corosync Cluster Engine」（以降、Corosync）を採用して実装したものです。Corosyncは、Proxmox VEの構成ファイルをリアルタイムで複製します。Corosyncによって複製された構成データは、データベース駆動型ファイルシステムであるProxmox Cluster File System（pmxcfs）によって保存されます。

Proxmox VEのクラスターは、マルチマスタークラスター型のクラスタリングを採用しており、すべてのノードがすべてのタスクを実行できます。言い換えると、どのノードのWebインターフェイスにアクセスして操作を行っても問題はありません。

クラスターの構成には3台以上のノードが必須

Proxmox VEでクラスターを構成する場合は、最低でも3台のノードが必要です。それ以上の台数を用意する場合でも、奇数であることが推奨されます。その理由は、Corosyncのクォーラムの仕組みと関係しています。

一般にクラスター内のノードたちは、常にお互いを監視し合っています。いずれかのノードで障害が発生すると、正常なノードが障害の発生したノード上のリソースを退避したり保護したりして、さらに障害が発生したノードの停止（フェンシング）を試みたりします。

例えば3台で構成されたクラスターのうち1台に何らか障害が起きた場合、正常な2台のノードは1台の異常なノードを障害と識別します。しかし、対象となった1台のノードも、クラスタリングのサービス自体に問題がない場合は、残りの2台のノードを障害が発生したノードと認識してしまう可能性があります。そのまま互いにフェンシングし合ってしまえば、正常なノードも含めてすべて停止してしまいます。

そこで重要となるのがクォーラムという仕組みです。クラスター内の各ノードは、上記のような障害が発生したときに、ノードが疎通可能な他のノードの数を確認し、定足数（クォーラム）に当たるクラスターの全ノード数に対して、自分たちが過半数を得ているかどうかで、自身が正常側なのか、異常側なのかを判別します。

図9-1　クォーラムの仕組み

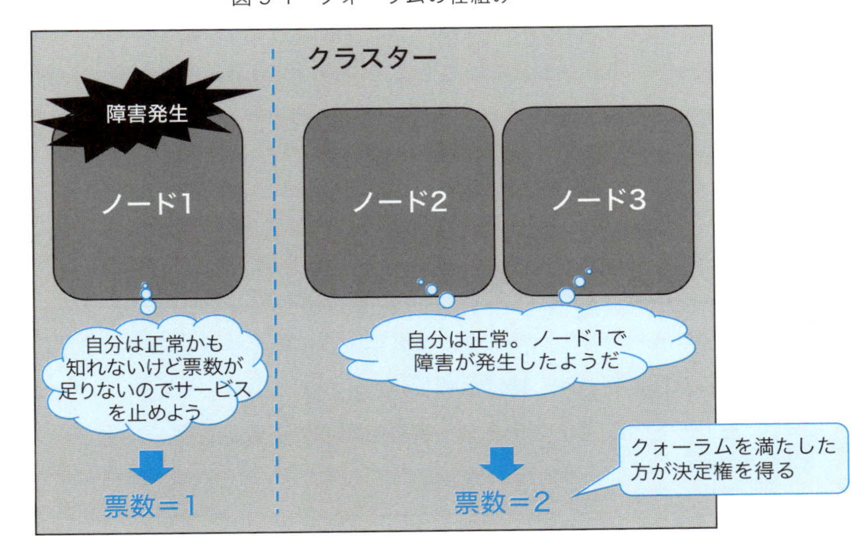

クォーラムは、奇数であることが重要となります。仮に2台でクラスターを構成した環境で障害が発生した場合、クォーラムは2となり、どちらも過半数になれないため、復旧するまでサービスが停止してしまいます。他にも、どちら側も正常と判断して動作を継続してしまい、データの破損を含む重大な障害を引き起こす「スプリットブレイン」が発生してしまう可能性もあります。偶数でも台数が多ければ半々になる可能性は減るかもしれませんが、奇数ならば半々という結果は確実に起きないので、スプリットブレインの発生率を減らせます。

図9-2　スプレットブレインの発生例

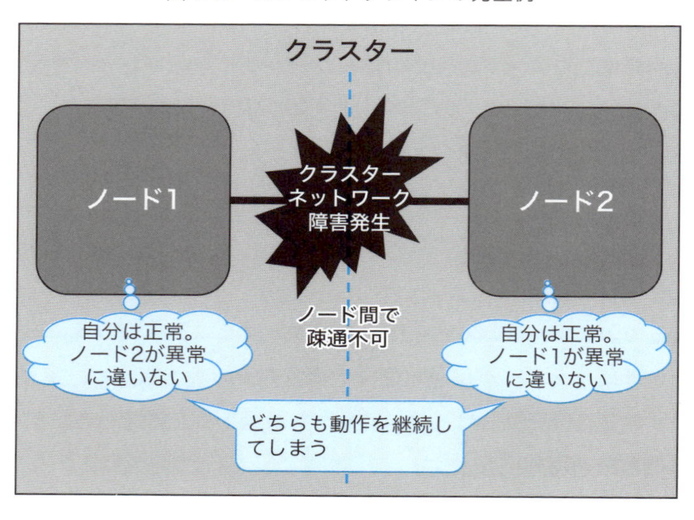

以上のような仕組みから、Proxmox VEでクラスターを構成するには最低でも3台のノードが必要となります。どうしても偶数台になってしまう場合は、Corosync Quorum Device（QDevice）という、クラスターの投票役となるサービスを任意の別のマシンに構築することで、クォーラムを奇数にできます。

9-3 クラスターを構築する

ここからは、Proxmox VEでクラスターを構築する手順を解説します。まずはクラスターを構築するための準備をしましょう。特別に難しいポイントはありませんが、システム要件を確認し、必要に応じて各ノードの設定をクラスター構築に向けて変更します。

クラスターの構築に必要なシステム要件

クラスターの構築に必要なシステム要件は、公式サイトのマニュアル[*1]を参照して要約すると、次のような内容になります。

- 高可用性に興味がある場合は、最低3ノードを用意すること
- すべてのノードが同じProxmox VEのバージョンであること
- すべてのノードが次のポートで相互に接続できること
  - ・Corosyncの通信のために、5405～5412/UDPポートが必要
  - ・SSHトンネルのために、22/TCPポートが必要
- 日付と時刻を同期してあること
- 共有ストレージを使用する場合は、クラスタートラフィック用に別のNICを用意することを推奨
- 仮想マシンのライブマイグレーションは、各ノードのCPUを同一ベンダーにそろえた場合のみサポートする

ノード数は、先ほどのクォーラムの解説でも触れた通り、高可用性のためには最低でも3台以上が必要です。

バージョンの要件は、新規構築時よりもノードの追加時に注意する要件です。メジャーバージョンが異なるとクラスターの構成がサポートされない場合があるため、最低限メジャーバージョンをそろえるようにするとよいでしょう。

ポートについて、CorosyncとSSHのポートを適切に開放します。結線が適切な状態で各ポートの疎通が確認できない場合は、ノードのファイアウォール（カスタマイズしている場合のみ）、あるいは上位のファイアウォールなどで設定が適切かどうかを確認します。

日付と時刻は、すべてのノードの状態管理のために必要となります。ノード間で時刻がずれてしまうとクラスターの誤作動の原因となります。すべてのノードでNTPを用いた時刻同期設定を行うのが一般的です。デフォルトでは、「/etc/chrony/chrony.conf」で指定されている「2.debian.pool.ntp.org」サーバーを参照して時刻を同期しています。インターネットにアクセスできない環境でクラスターを構成する場合は、ローカルのNTPサーバーに変更するなどの工夫が必要となります。

共有ストレージを使用する場合、同じNICにクラスタートラフィックを混在させると、NICの帯域があふれた場合にクラスター内のノード同士の監視に支障が出て、クラスターの誤作動の原因となります。空いている別のNICを用意するなどしてトラフィックを分けるとよいでしょう。

---

*1 https://pve.proxmox.com/wiki/Cluster_Manager

なお、後で紹介する構成画面では、複数のNICをクラスター用に使用することも可能です。

仮想マシンのライブマイグレーションは、クラスター内のノード間でCPUのベンダーやCPUの世代が異なっていたりすると、ライブマイグレーションがサポートされない場合があります。仮想マシンを停止した状態であればマイグレーション可能ですが、異なるベンダーや複数のCPU世代が混在する場合でも仮想マシンをライブマイグレーションできるようにするには、仮想マシンのCPU種別のレベル（詳細は第3章を参照）を調整します。

ベンダーが混在する場合は、CPU種別のレベルを「qemu64」「qemu32」に設定します。CPUの世代が混在する場合は、デフォルト値の「x86-64-v2」であれば問題になることはほとんどありません。ただし、CPU種別のレベルを「host（ノードのCPUと同等の機能レベルを使用）」や、世代が比較的新しいレベルに変更しているような場合では、CPUの世代が新しいノードからCPUの世代が古いノードへの仮想マシンのライブマイグレーションが、実行できないことがあります。この場合は、CPU種別のレベルをデフォルト値に戻すか、クラスター内の一番古いCPUが搭載されたノードに合わせたCPU種別のレベルに設定を変更すれば、ライブマイグレーションできるようになります。

■ クラスターを構築する手順

クラスターの構築に必要な準備が済んだら、実際にProxmox VEクラスターを構築しましょう。具体的な手順を解説します。

手順1　クラスターの作成

まずクラスターに参加させたいすべてのノードに、通常通りProxmox VEをインストールします。インストールが完了したら、いずれか1台のWebインターフェイスにアクセスします。リソースツリーから「データセンター」を選択して、コンテンツパネルの「クラスタ」を開き、上部に表示された「クラスタを作成」ボタンをクリックします。

図9-3 「クラスタを作成」の画面

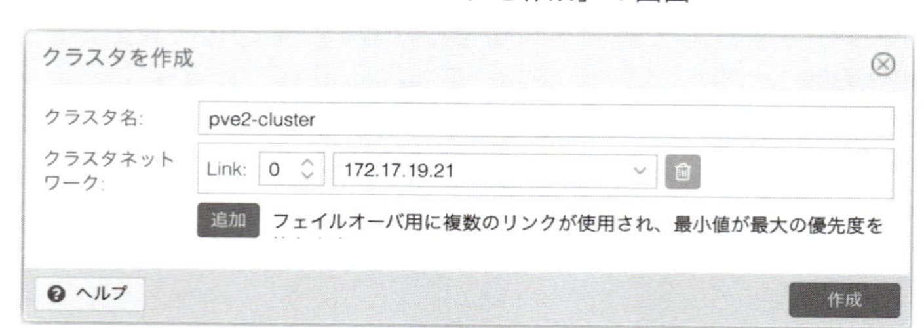

「クラスタ名」には、15文字以内で任意の名前を付けます。

「クラスタネットワーク」は、ノード間のクラスタートラフィックに使用するネットワークを選択します。「クラスタネットワーク」では最大8個のネットワークを指定でき、複数指定した場合は「Link」の数字が小さい順に使用の優先度が高くなります。試用時は1個でも構いませんが、本番環境では複数設定すると冗長性を確保できます。また、「クラスタネットワーク」に使用するネットワークが、ネットワークストレージやライブマイグレーションと兼用でない点に注意します。

なお、作成時に設定したパラメータは、Webインターフェイスを用いて変更ができないため、注意が必要ですが、コマンドラインインターフェイスからCorosyncの設定を直接編集すれば、変更が可能です。

クラスターが作成されると「Join情報」ボタンがクリックできるようになります。Join情報の画面に表示されるJoin情報を使って、他のノードをクラスターに参加させるため、「情報をコピー」をクリックして、情報を控えておきましょう。

図 9-4 「クラスタ Join 情報」の画面

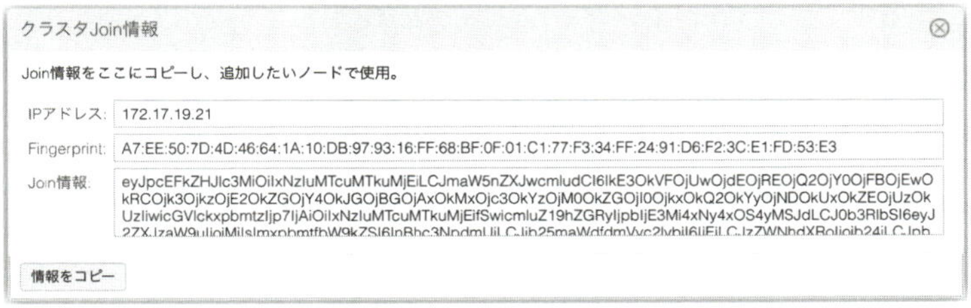

手順2　クラスターへの参加

クラスターに参加させたい他のノードのWebインターフェイスにアクセスして、「クラスタ」のコンテンツパネルを開き、「クラスタに参加」ボタンをクリックします。Join情報を貼り付けるボックスが表示されるため、先ほどコピーして控えておいたJoin情報を貼り付けます。

図 9-5 「クラスタ Join」の画面

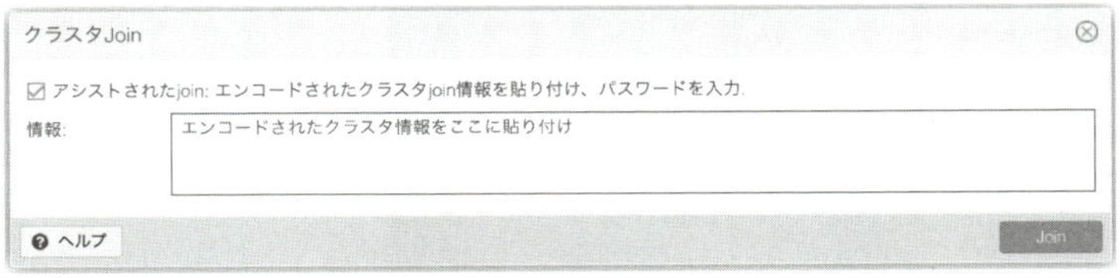

貼り付けると、いくつかの項目が増えます。入力が必要なのは「パスワード」にクラスターを作成したノードのパスワードを入力する点と、クラスターに参加させたいノードが使用するクラスターネットワークを選択する点の2点です。入力したら「Join 'クラスター名'」ボタンをクリックします。

図 9-6　Join 情報を貼り付けた後の「クラスタ Join」の画面
相手の情報や設定項目が追加で表示される。

クラスタJoin
アシストされたjoin: エンコードされたクラスタjoin情報を貼り付け、パスワードを入力.
情報:
EOjUzOkUzIiwicGVlckxpbmtzIjp7IjAiOiIxNzIuMTcuMTkuMjEifSwicmluZ19hZGRyIjpbIjE3Mi4xNy4xOS4yMSJdLCJ0b3RlbSI6eyJpbnRlcmZhY2UiOnsiMCI6eyJsaW5rbnVtYmVyIjoiMCJ9fSwiaXBfdmVyc2lvbiI6ImlwdjQtNiIsImNsdXN0ZXJfbmFtZSI6InB2ZTItY2x1c3RlciIsImxpbmtfbW9kZSI6InBhc3NpdmUiLCJ2ZXJzaW9uIjoiMiIsInNlY2F1dGgiOiJvbiIsImNvbmZpZ192ZXJzaW9uIjoiMSJ9fQ==
Peerアドレス: 172.17.19.21　パスワード: Peerのrootパスワード
Fingerprint: A7:EE:50:7D:4D:46:64:1A:10:DB:97:93:16:FF:68:BF:0F:01:C1:77:F3:34:FF:24:91:D6:F2:3C:E1:FD:53:E3
クラスタネットワーク: Link: 0　IP はノードのホスト名で解決　peerのリンクアドレス: 172.17.19.21

CIDR	インタフェー	稼働中	コメント
172.17.19.22/24	vmbr0	はい	

ヘルプ

クラスターに参加すると、Webインターフェイスが使用しているTLS証明書が再作成されます。これにより、しばらくすると接続エラーとなるので、Webインターフェイスをリロードして新しい証明書を受け入れ、再度ログインしてください。

図 9-7　「クラスタに参加」のタスクビューの画面
Join 直後は接続エラーになるが正常にクラスターに参加できている。

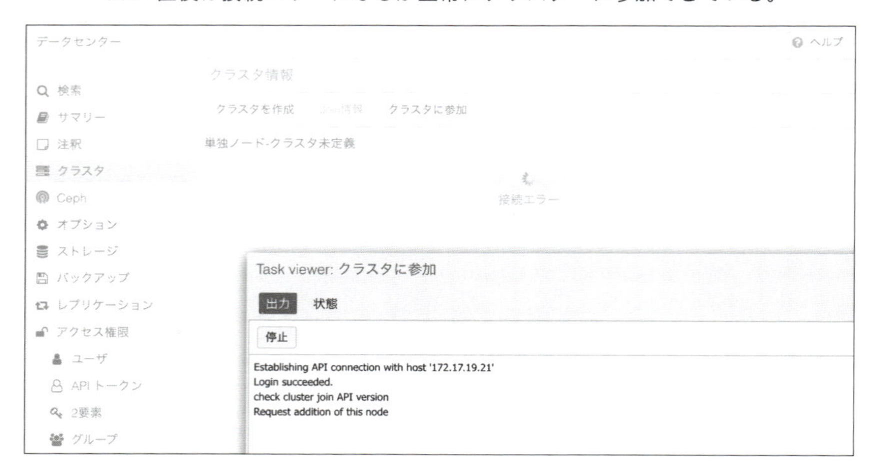

再ログイン後、改めて「クラスタ」のコンテンツパネルを開くと、クラスターの一覧が2台に

なっていることが確認できます。

図 9-8　接続エラー後にリロードして再ログインした後の「クラスタ」のコンテンツパネルの画面

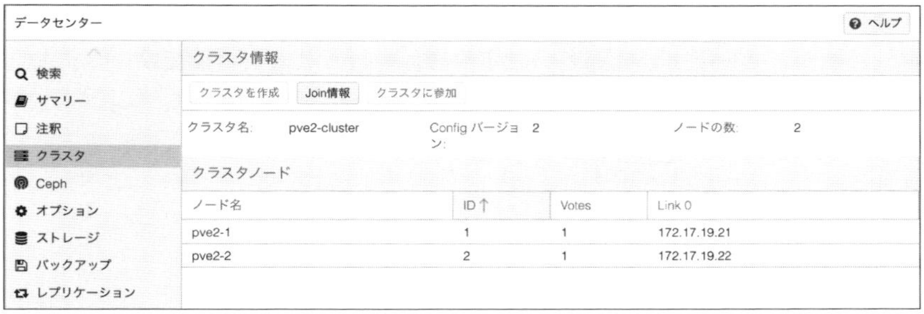

なお、新しいノードがクラスターに参加したときに、既にクラスターにいるノードの「クラスタ」のコンテンツパネルを開くとエラーが表示される場合があります。これもWebインターフェイスをリロードをするとエラーが表示されなくなります。

図 9-9　既にクラスターに参加済みのノードの「クラスタ」のコンテンツパネルに表示されるエラーメッセージ

残りのノードも同じ手順でクラスターに参加させて、クラスターの構成を進めましょう。

図 9-10　最終的に 3 台のクラスター構成が完成した「クラスタ」のコンテンツパネルの画面

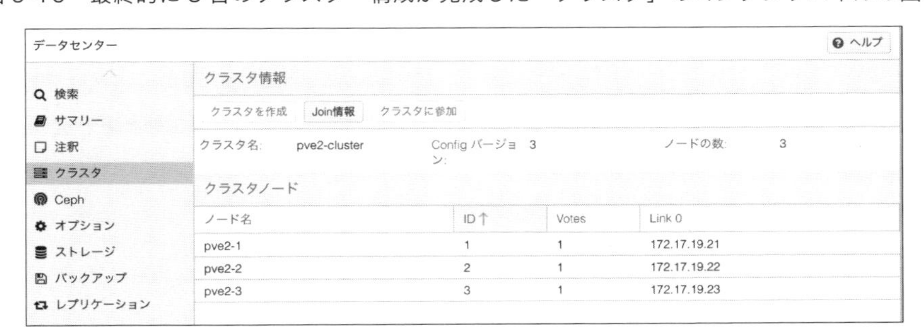

第9章

手順3　クラスターへのアクセス

先ほど解説した通り、Proxmox VEはマルチマスター型クラスターのため、どのノードのWebインターフェイスにアクセスして作業を行っても構いません。

例えば、ノード3号機からクラスター全体に関する設定や作業を行うことはもちろん可能ですし、ノード3号機からノード1号機固有の設定や操作を行うことも可能です。

■ クラスターからノードを削除する手順

運用上の理由によって、クラスターからノードを削除したくなった場合は、コマンド操作によって削除が可能です。

まずは、削除したいノードからすべての仮想マシンとコンテナを別のノードに退避します。ローカルストレージ上にあるバックアップデータなどのデータの退避や、レプリケーションジョブの削除も実行します。すべて確認ができたら、ノードをシャットダウンします。

Webインターフェイスから運用を継続するいずれかのノードで「コンソール」のコンテンツパネルを開き、次のコマンドを実行してノードの一覧を表示します。

```
# pvecm nodes ↵

Membership information
----------------------
    Nodeid      Votes Name
         1          1 pve2-1 (local)
         2          1 pve2-2
         3          1 pve2-3
```

削除したいノードを特定したら、次のように削除コマンドを実行します。なお、このコマンドは確認なくいきなり削除を実行するので、入力ミスには十分に気を付けてください。

```
# pvecm delnode pve2-3 ↵
Killing node 3
```

削除が完了したら、クラスターのステータスを確認します。次のようにコマンドを実行すると確認できます。

```
# pvecm status ↵
Cluster information
-------------------
Name:             pve2-cluster
Config Version:   4
Transport:        knet
```

```
Secure auth:      on

Quorum information
------------------
Date:             Wed Nov 20 17:07:43 2024
Quorum provider:  corosync_votequorum
Nodes:            2
Node ID:          0x00000001
Ring ID:          1.11
Quorate:          Yes

Votequorum information
----------------------
Expected votes:   2
Highest expected: 2
Total votes:      2
Quorum:           2
Flags:            Quorate

Membership information
----------------------
    Nodeid      Votes Name
0x00000001          1 172.17.19.21 (local)
0x00000002          1 172.17.19.22
```

ノードが減っていることを確認できたら、削除は完了となります。

削除が済んだノードを起動してしまうと、クラスターが誤作動して破損するおそれがあります。誤って起動してクラスターにアクセスしてしまわないように、ディスクからパーティション情報を消去して起動できない状態にするか、一時的にネットワークケーブルをすべて抜いておくなどの対策を行うとよいでしょう。

また、削除したノードを再度同じクラスターに登録したい場合は、ノードのProxmox VEを再インストールして、新規ノード追加と同じ手順で登録します。

9-4 ライブマイグレーションを実行する

クラスターを構成することで、シングルノードでは実現できなかった様々な機能を利用できるようになります。その一つが「ライブマイグレーション」です。ライブマイグレーションとは、仮想マシンやコンテナを起動したまま、ノード間を移動できる技術です。基本的には、ネットワーク共有ストレージを組み合わせて用いられます。

ライブマイグレーションを実行すると、ノード上にある仮想マシンのメモリデータが、指定された他のノード間にネットワークで転送されます。転送が完了すると、仮想マシンのネットワーク接続の付け替えと、仮想マシンの動作状態の切り替えを素早く行うことで、見かけ上ほぼ無停止のような移動を実現しています。仮想マシンの仮想ディスクは、ネットワーク共有ストレージ上にあるため、移動後も動作が継続されます。

図 9-11　ライブマイグレーションの大まかな仕組み

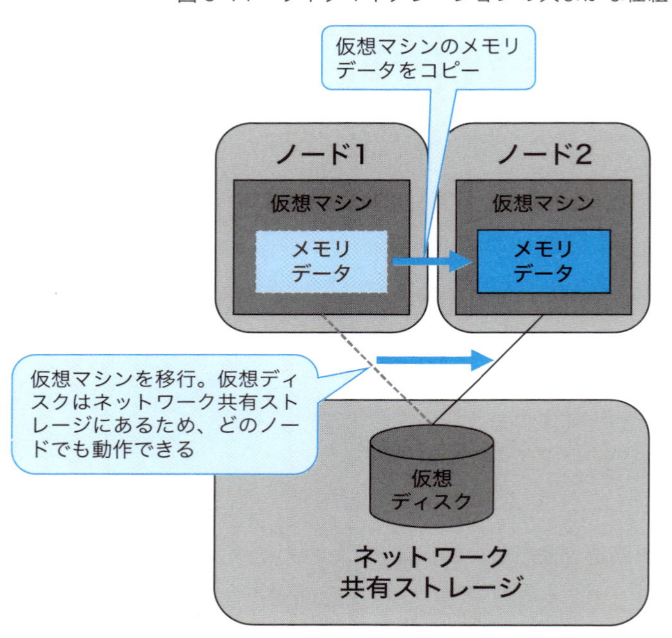

本章の冒頭でも説明した通り、ノードを一時停止したいなどの場合に、仮想マシンやコンテナが無停止で移動できるため、メンテナンス性を高めるために使われるほか、特定のノードに仮想マシンやコンテナが偏って、ノードのリソース消費量にばらつきが出た場合も、ライブマイグレーションで均一になるよう調整するような使い方が可能です。

ライブマイグレーションを実行する手順

ライブマイグレーションを実行するには、Webインターフェイスを開いてリソースツリー上の仮想マシンを右クリックし、表示されるコンテキストメニューで「マイグレート」を選択します。

図 9-12　リソースツリー上の仮想マシンのコンテキストメニューを表示している画面

「マイグレート」の実行画面が表示されるので、マイグレーション先を選択して、「マイグレート」ボタンをクリックします。

図 9-13　「マイグレート」の実行画面

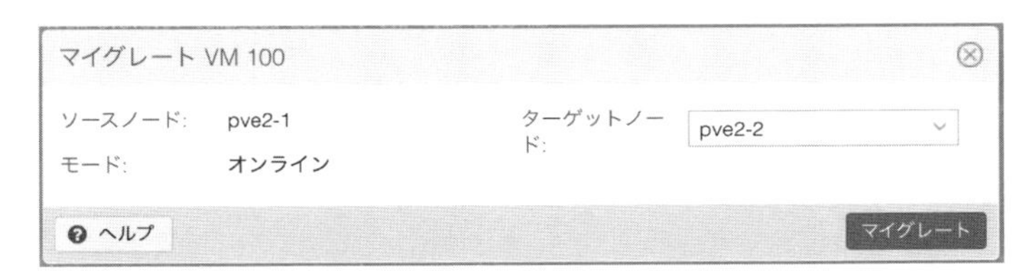

マイグレーションが開始すると、モーダルダイアログで移行の状況が表示されます。移行が完了すると、どのくらいの時間でマイグレーションできたか、切り替えのダウンタイムはどのくらい時間がかかったかなどが確認できます。なお、実行の途中でモーダルダイアログを閉じても、マイグレーションの実行には影響ありません。Webインターフェイス下部のタスクリストから実行中のタスクをダブルクリックすると、再度モーダルダイアログを開くことができます。

図 9-14　マイグレーションを実行中に表示されるモーダルダイアログの画面

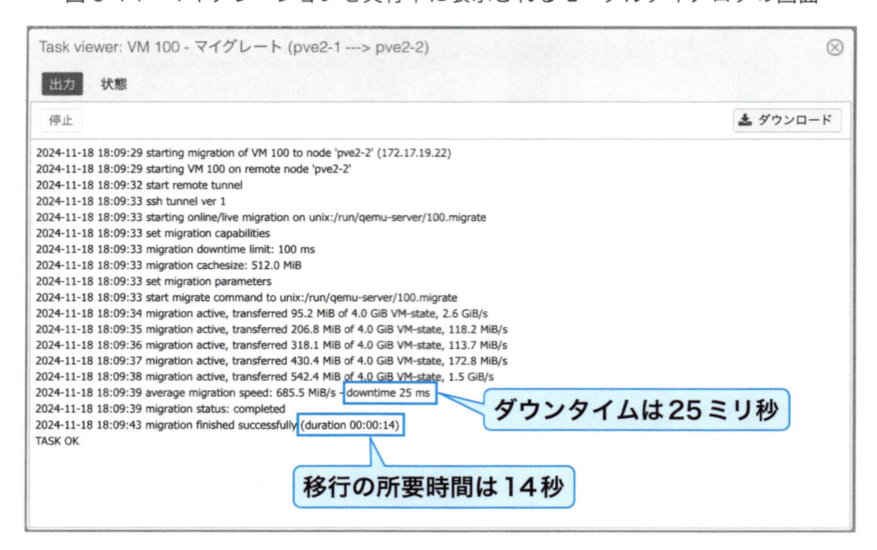

なお、ネットワーク共有ストレージを使用しない場合でも、ライブマイグレーション自体は可能です。ただし、仮想ディスクも同時に移行する必要がある（いわゆるストレージマイグレーション）ため、転送には時間がかかる点に注意が必要です。

図 9-15　仮想ディスクがローカルストレージにある仮想マシンのマイグレーションで表示される警告

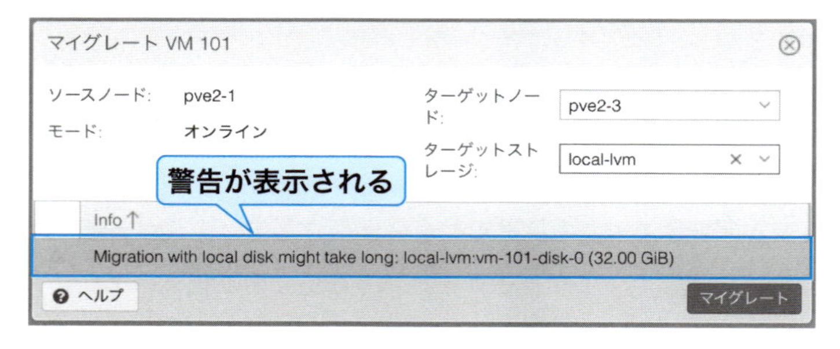

マイグレーション用ネットワークを変更する

ライブマイグレーション時に使用されるネットワークは、デフォルトでは「クラスタネットワーク」で設定したネットワークインターフェイスが使用されます。しかし、ライブマイグレーション実行時には多くのトラフィックが流れるため、クラスター内のノード同士の監視に影響を与える可能性があります。

可能であれば、前述の要件に挙げられた共有ストレージと同様に、別のNICを使用するなどして、クラスター用のネットワークとマイグレーション用のネットワークを分離するのがお勧めです。

マイグレーション用のネットワークを変更するには、リソースツリーで「データセンター」を選択して、コンテンツパネルから「オプション」を開きます。「マイグレーションの設定」の編集画面が開くので、「ネットワーク」を「既定」から使用したいネットワークに変更します。

図 9-16 「マイグレーションの設定」の編集画面

9-5 Proxmox VE の HA 機能

Proxmox VEのHA機能は、「ha-manager」と呼ばれるソフトウェアスタックを用いて、クラスター内の仮想マシンやコンテナの可用性を高められる仕組みです。

システムの要件としては、3台以上のノードで構成されたProxmox VEクラスターと、共有ストレージ環境（詳細は第6章を参照）が必要です。ハードウェアの要件としては、HA機能に固有なものはありません。ただし、本章の冒頭で説明したような冗長化構成が可能なハードウェアや、ハードウェアウォッチドッグが備わっていることが望ましいでしょう。

Proxmox VEのHA機能は、ユーザーが定義した仮想マシンやコンテナ単位で保護します。HAに追加された仮想マシンやコンテナは「リソース」と呼ばれます。

HA機能で保護されたリソースは、稼働中のノードに障害が起こると、HA機能がリソースごとの設定に応じて、リソースを他の正常なノードに移動して起動したり、他のノードに移動だけして起動はしない（起動はユーザーの判断に委ねる）などの処理を実行します。また、ハードウェアウォッチドッグを構成した場合、HA機能はノードのフェンシング（強制リセット）も行います。

■ 仮想マシンやコンテナをHAで保護する手順

HAに仮想マシンやコンテナを追加するには、Webインターフェイスのリソースツリーから「データセンター」を選択し、コンテンツパネルのメニューから「HA」を開きます。

図 9-17 「HA」のコンテンツパネルを開いた画面

HAに追加する仮想マシンやコンテナは「リソース」と呼ばれ、リソースに追加することでHA機能による仮想マシンの保護が開始します。「追加」ボタンをクリックすると、「リソース」の追加を実行する画面が表示されます。

図 9-18 「リソース」の追加画面

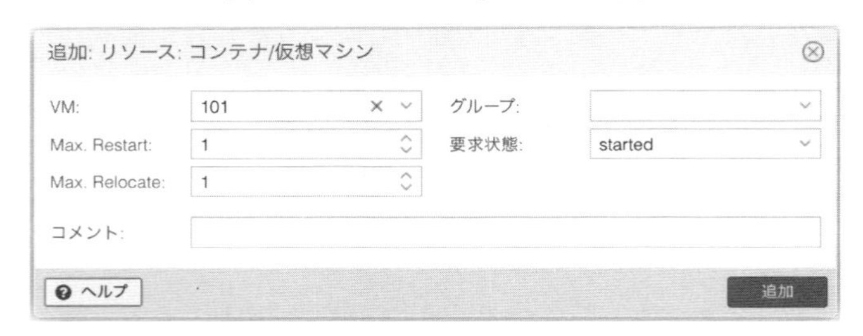

「VM」には、保護したい仮想マシンもしくはコンテナを指定します。

HA機能で保護された仮想マシンもしくはコンテナは、正常なノードで自動的に再起動しますが、タイミングによっては起動に失敗する可能性もあります。「Max. Restart」には、他のノードで起動に失敗した際に、再起動を試みる最大回数を指定します。「Max. Relocate」には、他のノードで起動に失敗した際に、別のノードへの再配置を試みる最大回数を指定します。これらの数値はクラスターの規模に応じて調整してください。

「要求状態」は、リソースがあるべき状態を設定します。指定可能な値を次の表にまとめました。

表 9-1　指定可能な「要求状態」の一覧

要求状態	説明
started	電源オン状態を維持する。障害時は他のノードに再配置される。デフォルト値
stopped	電源オフ状態を維持する。障害時は他のノードに再配置される
disabled	電源オフ状態を維持する。障害時は他のノードに再配置されない
ignored	マネージャステータスから削除されるため、CRMとLRMはリソースにアクセスしなくなる。障害時は他のノードに再配置されない

この表の「ignored」の説明にある「CRM[*2]」は、設定された状態に応じてリソースを操作します。なお、「ignored」以外の要求状態に設定後、仮想マシンを手動で起動・停止すると、設定は「started」「stopped」に上書きされます。

「グループ」は、リソースの再配置先を、後で紹介するグループ設定で作成されたグループに所属するノードに限定します。

グループ

コンテンツパネルのメニューの下位にある「グループ」は、リソースの再配置先を特定のノードに制限するために使用します。「作成」ボタンをクリックすると、「HAグループ」の作成画面が表示されます。

図 9-19　「HA グループ」の作成画面

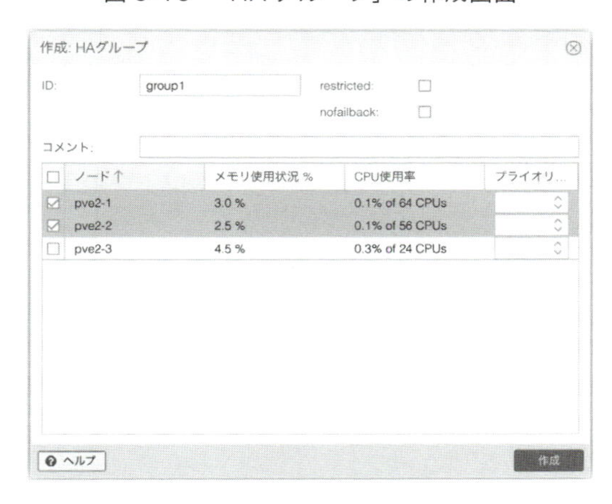

*2 Cluster Resource Managerの略。クラスター全体のリソースの管理を行います。

「ID」には、グループ名を指定します。下のボックスから、グループ化したいノードにチェックを入れて選択します。

「restricted」は、このグループに所属するリソースを、このグループのノードにのみ配置できるようにします。ノードがオンラインでない場合は、リソースは停止した状態になります。チェックがオフでノードがすべてオフラインの場合は、リソースはグループ外のノードに再配置されます。

「nofallback」は、リソースが優先度の高いノードから低いノードに再配置された後、優先度の高いノードが復帰したときに、CRMが常に優先度の高いノードにリソースを再配置しようとするのを防止するオプションです。

HAの挙動をテストする方法

HAの挙動をテストするにはいくつかの方法が考えられますが、一番手軽な方法はクラスター用のネットワークケーブルをすべて抜くことです。

HAに追加した仮想マシンが動作するノードの、クラスター用のネットワークケーブルを抜いて少し待つと、クラスターから該当のノードがアクセス不能になり、さらに少し経つと、仮想マシンが他のノードで起動します。HAによって再配置された仮想マシンにログインして、正常に利用できることを確認しましょう。また、HAの動作に関する通知がメールでも送信されるため、確認しましょう。

抜いたネットワークケーブルを元に戻してしばらくすると、クラスターで再度認識されて、利用可能な状態になります。仮想マシンは再配置済みのため、ノードからは仮想マシンはいなくなっていることが確認できます。

クラスター構成時のネットワークの構成例

クラスター構成時には、クラスター用のネットワークが必要になるほか、共有ストレージのための共有ストレージ用のネットワークも必要になります。また、仮想マシンのマイグレーションのネットワークトラフィックも考慮する必要があります。以上を踏まえたネットワークの構成について、一例を紹介します。

PCで使用する場合

PCをサーバーにして使用するような場合は、次のような構成が考えられます。

図 9-20　PC で使用する場合のネットワーク構成例

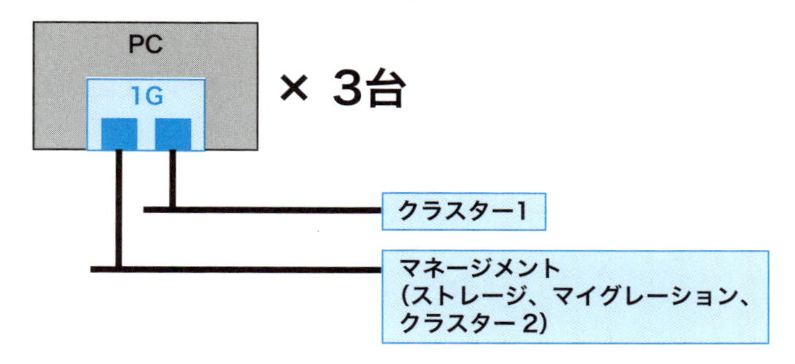

近年のPCは物理NICを2個、搭載するものが多いので、片方はマネージメント（共有ストレージ、マイグレーション、クラスター2）用のネットワークとします。もう片方はクラスター1のネットワーク専用にします。クラスター1のネットワークのポートは、マネージメント側のポートとは別のネットワークスイッチを用意すると、冗長性を高められます。

サーバーで構築する場合

サーバーを利用して、冗長性や負荷分散も含めた検証を行う場合には、次の図のような構成が考えられます。オンボードの物理NICに加えて、共有ストレージに10Gbps以上の高速なネットワークを用意して利用する例を挙げます。

図 9-21　サーバーで冗長機能などの検証する場合のネットワーク構成例

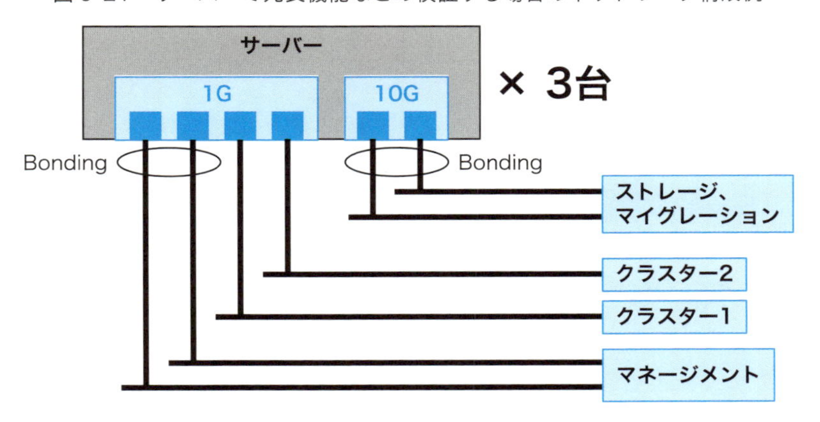

サーバーの場合は、2～4ポートの1Gbpsの物理NICがオンボードで搭載されています。

物理NICが4ポート利用可能な場合は、2ポートをBonding（Active-Backupなど）してマネージメント用に使用し、残りの2ポートは二つのクラスター用（クラスター1とクラスター2）のネットワークとして1ポートずつ使用します。二つのクラスター用のネットワークを分離するために、VLANを使用するか、物理的にネットワークスイッチを分離するのがお勧めです。10Gbpsの物理NICは、2ポートをBonding（LACP）して、共有ストレージ用とマイグレーション用に割り当てます。

物理NICが2ポート利用可能な場合は、自宅で使用するパターンから、共有ストレージとマイグレーションを除いた割り当てとします。次の図のようなネットワーク構成になります。

図9-22　サーバーが2ポートの場合のネットワーク構成例

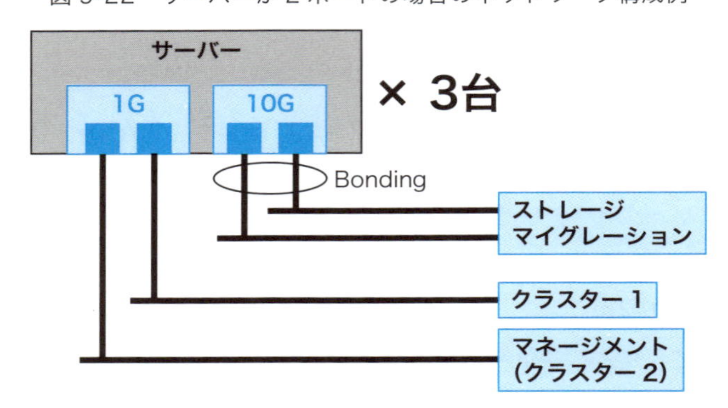

4ポート利用時の1Gbpsのネットワーク配線例を、次の図に示します。

図 9-23　4ポート利用時の1Gbpsのネットワーク配線例

クラスター用のネットワークにVLAN IDを設定できる場合

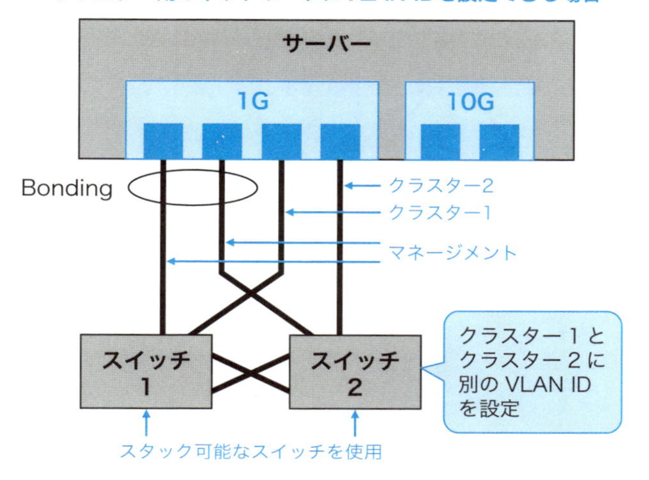

クラスター用のネットワークにVLAN IDを設定できない場合

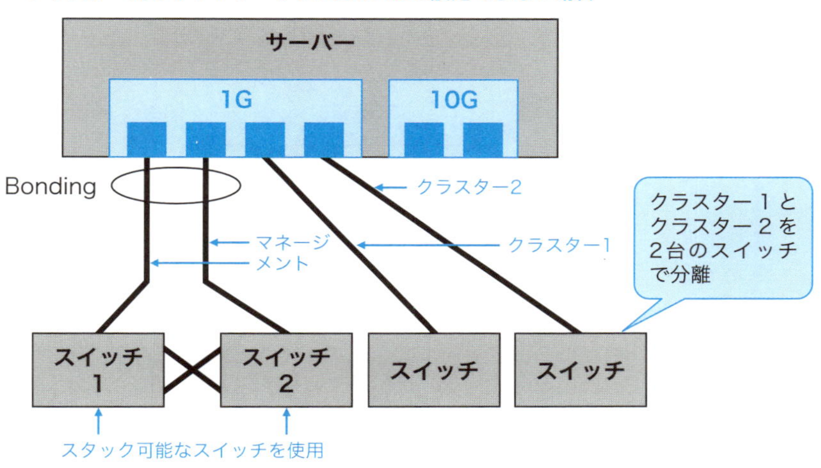

冗長性確保の観点から、スタッキングあるいはMLAG（Multi-chassis Link Aggregation Group）をサポートした2台のネットワークスイッチを用意し、マネージメント用のBondingをそれぞれのネットワークスイッチに接続します。クラスター用のネットワークも、それぞれのネットワークスイッチに接続します。また、クラスター用のネットワークはそれぞれ別のVLAN IDとして分離します。

次に、2ポート利用時の1Gbpsのネットワーク配線例を示します。

図 9-24　2 ポート利用時の 1Gbps のネットワーク配線例

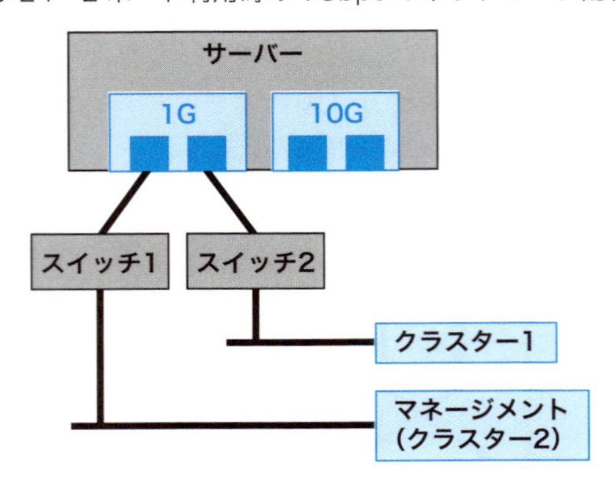

この図にあるように、メインのクラスター1用のネットワークのポートは、専用にスイッチを用意してクラスター1用とします。

続いて10Gbpsのネットワーク配線例を、次の図に示します。

図 9-25　10Gbps のネットワーク配線例

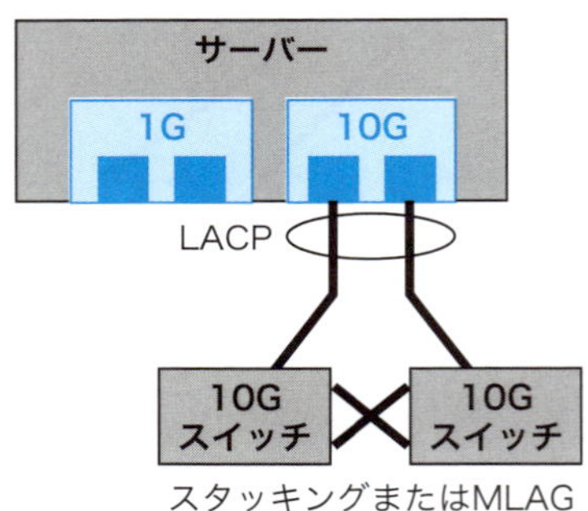

こちらも冗長性確保の観点から、スタッキングあるいはMLAGに対応した二つのネットワークスイッチを用意して、それぞれのネットワークスイッチにケーブルを接続します。Proxmox VEとネットワークスイッチのそれぞれにLACPを使用したBondingを設定して、冗長性確保と負荷分散を実現します。

付録A

より高度な機能と使い方

ここまでProxmox VEの主な機能や使い方を解説してきましたが、すべてを紹介し切れたわけではありません。そこで付録Aでは、Proxmox VEを本格的に活用するうえで知っておきたい高度な機能と使い方を五つ厳選し、紹介します。

A-1 スナップショット

Proxmox VEには、仮想マシンとコンテナのスナップショット（ライブスナップショット）を取る機能があります。これはストレージや仮想マシンの構成のコピーを作成するバックアップとは異なり、現時点の仮想マシンの状態そのものを保存する機能です。スナップショットには、仮想マシンの設定やストレージの状態に加え、起動中の仮想マシンのメモリの内容までもが含まれます。つまりスナップショットに巻き戻すことで、起動中の仮想マシンであっても、ある瞬間の状態に復元できるのです。

スナップショットを使用するには、スナップショットをサポートしたストレージに、仮想マシンを保存している必要があります。スナップショットをサポートした具体的なストレージについては、第6章を参照してください。

スナップショットを作成する

スナップショットを作成するには、Webインターフェイスのリソースツリーから対象を選択し、コンテンツパネルの「スナップショット」をクリックしてください。

図 A-1 「スナップショット」の管理画面を開く手順

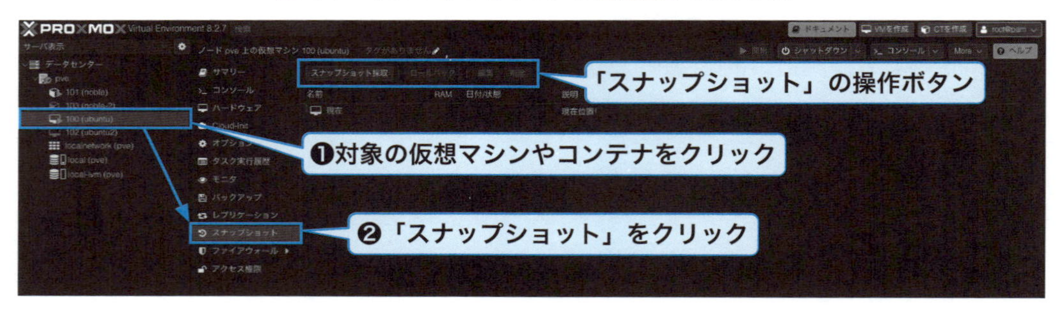

コンテンツパネルの上部に並ぶ操作ボタンのうち「スナップショット採取」をクリックすると、スナップショットの名前と説明を入力するダイアログが表示されます。

図 A-2 「スナップショット」の作成画面

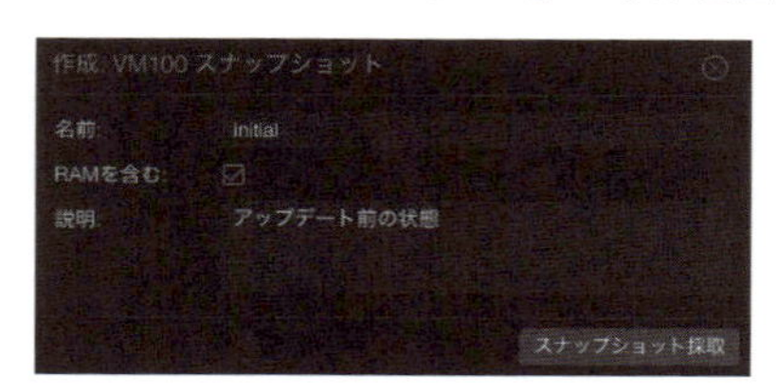

「名前」には、スナップショットの名前を入力します。適当な名前を付けてしまうと、後から巻き戻す際に、どの状態のスナップショットなのかわからなくなってしまいます。そこでわかりやすい名前を付けたいところですが、名前にはアルファベットの大文字と小文字、数字、アンダースコアしか使えません。「説明」には日本語も入力できるので、こちらに詳細なメモを残しておくとよいでしょう。「スナップショット採取」ボタンをクリックすると、スナップショットが作成されます。なお環境や状況にもよりますが、スナップショットの作成には相応の時間がかかる場合があります。

スナップショットを巻き戻す

仮想マシンをスナップショットの状態に復元するには、スナップショットの管理画面で対象のスナップショットを選択し、上部に並ぶ操作ボタンのうち「ロールバック」ボタンをクリックしてください。確認のダイアログが表示されるので、「はい」をクリックすると、ロールバック（巻き戻し処理）が実行されます。

図 A-3　スナップショットの状態に仮想マシンを巻き戻す手順

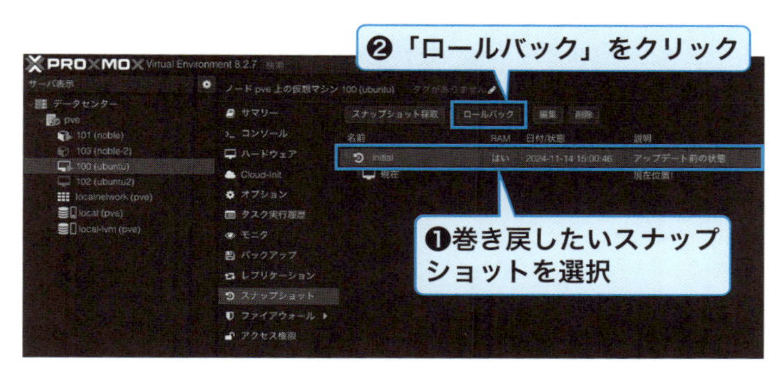

スナップショットは起動中の仮想マシンの状態、それこそユーザーのログイン状態や、起動しているプロセスまでも保存し、復元することができます。スナップショットを活用すれば、例えば「ゲストOSのアップグレードコマンドを実行する直前にスナップショットを作成し、失敗したら巻き戻す」といったことが、バックアップを使うよりも手軽に行えます。

A-2 ユーザー管理

本書では個人、ないしは小規模なチームのシステム管理者が利用することを前提に、インストール時に作成したrootユーザーのみを使ってProxmox VEを操作してきました。ですが企業などで運用する場合、Proxmox VE自体を複数のユーザーで操作したいこともあるでしょう。Proxmox VEでは、別途複数のユーザーを作成することができます。

ユーザーを作成する

Webインターフェイスのリソースツリーで「データセンター」を選択し、コンテンツパネルから「アクセス権限」→「ユーザ」の順にクリックしてください。

図 A-4　「ユーザ」の管理画面を開く手順

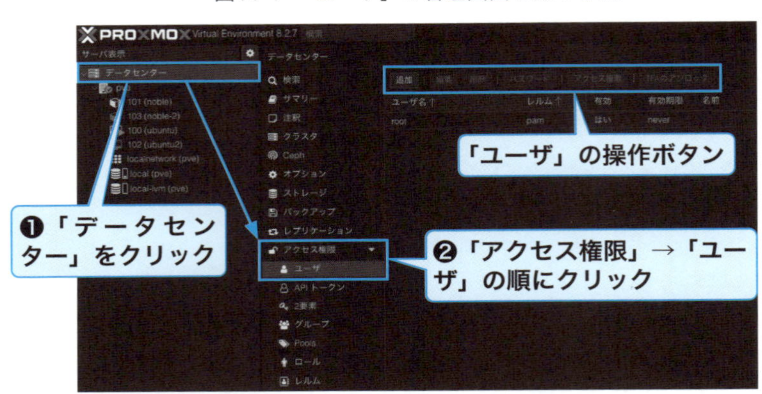

上部に並ぶ操作ボタンのうち「追加」ボタンをクリックすると、ユーザーの追加ダイアログが開きます。

図 A-5　「ユーザ」の追加画面

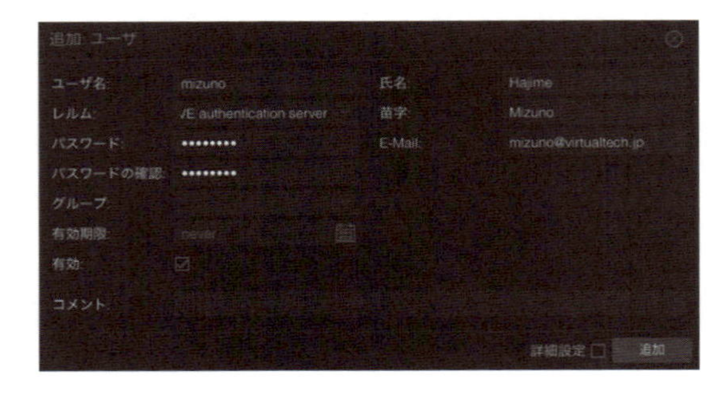

「ユーザ名」は、ログインに使うアカウント名です。「氏名」にはユーザーの名前、「苗字」には苗字を入力します[*1]。

[*1]「氏名」は誤訳らしく、原文では「First Name」となっています。

「E-Mail」は、そのユーザーのメールアドレスです。通知ターゲットとしてユーザーを設定した場合、このアドレス宛てにメールが送信されます。

「レルム」は、認証方法を選択します。デフォルトでは「Linux PAM Standard Authentication」と「Proxmox VE Authentication Server」が選択可能です。Proxmox VE自身が完全に管理できるため、特別な理由がない限りは「Proxmox VE Authentication Server」を選択しておくのが簡単です。なお、LDAPやMicrosoft Active Directoryなどの外部システムと連携することも可能ですが、本書では解説しません。

「パスワード」には、ユーザーのパスワードを設定します。「パスワードの確認」にも、同じパスワードを入力してください。

「グループ」は、後述する複数のユーザーをまとめて管理する機能です。所属させたいグループが存在する場合、ここで選択します。

「有効期限」は、そのユーザーアカウントの有効期限です。期間限定でチームに所属するメンバーがいるような場合に使うと便利でしょう。「有効」は、このユーザーを有効にするかどうかのチェックです。「コメント」には、このユーザーに関する任意のメモを記述できます。

最後に「追加」をクリックすると、ユーザーが作成されます。

■ ユーザーにアクセス権限をアタッチする

作成したユーザーに対し、アクセス権限をアタッチ（追加）しましょう。リソースツリーの「データセンター」を選択し、コンテンツパネルから「アクセス権限」をクリックしてください。上部に並ぶ操作ボタンのうち「追加」ボタンをクリックすると、メニューが表示されます。「ユーザのアクセス権限」を選択します。

図 A-6　作成したユーザーのアクセス権限をアタッチする手順

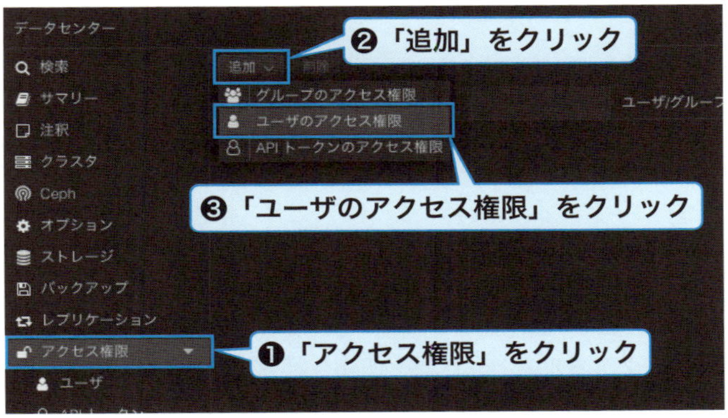

アクセス権限の追加ダイアログが開くので、各項目を入力していきます。

図 A-7 「ユーザのアクセス権限」の追加画面

Proxmox VEでは、仮想マシンやストレージなどのオブジェクトごとに、アクセス権限を設定します。そしてこれらのオブジェクトは、Linuxのファイルシステムで利用するような、スラッシュ区切りのパスを使って表します。「パス」には、このユーザーが操作できるオブジェクトへのパスを入力してください。すべてのオブジェクトを操作できるようにするには「/」と入力します。

「ユーザ」は文字通り、ここでアクセス権限を設定するユーザーです。プルダウンのリストボックスに、Proxmox VEに登録されているユーザーがリストアップされるので、先ほど作成したユーザーを選択してください。

Proxmox VEでは、細かい個々のアクセス権限を集め、「ロール」という単位で抽象化しています。例えば仮想マシンの作成や電源管理、バックアップなどは、それぞれ独立したアクセス権限が設けられていますが、ユーザーに対してこうした細かいアクセス権限を一つひとつ許可するのは面倒です。そこで仮想マシンの管理に必要なアクセス権限を集め、「仮想マシン管理者」というロールで管理しているといった具合です。「ロール」には、このユーザーが、指定したオブジェクトに対して割り当てられるロールを指定します。完全なアクセス権限を持つように指定するには、「Administrator」を選択します。

パスとロールによって、特定のノードのみ管理できるユーザーや、特定の仮想マシンの電源のON/OFFのみができるユーザーなどを作ることができます。デフォルトでどのようなパスやロールが存在するのか、詳しくは公式サイトのドキュメント[*2]を参照してください。

最後に「追加」をクリックすると、ユーザーにアクセス権限がアタッチされます。

複数ユーザーを一つのグループでまとめて管理する

チーム内の複数のユーザーに同一のアクセス権限を与えたい場合、個々に設定を行うのは面倒です。そこで「グループ」を使ってユーザーをまとめ、グループに対してアクセス権限をアタッ

*2 https://pve.proxmox.com/wiki/User_Management#pveum_permission_management

チするとよいでしょう。Proxmox VEでは、メンテナンスの容易さから、アクセス権限はグループを使って管理することが推奨されています。Webインターフェイスのリソースツリーで「データセンター」を選択し、コンテンツパネルから「アクセス権限」→「グループ」の順にクリックしてください。

図 A-8 「グループ」の管理画面を開く手順

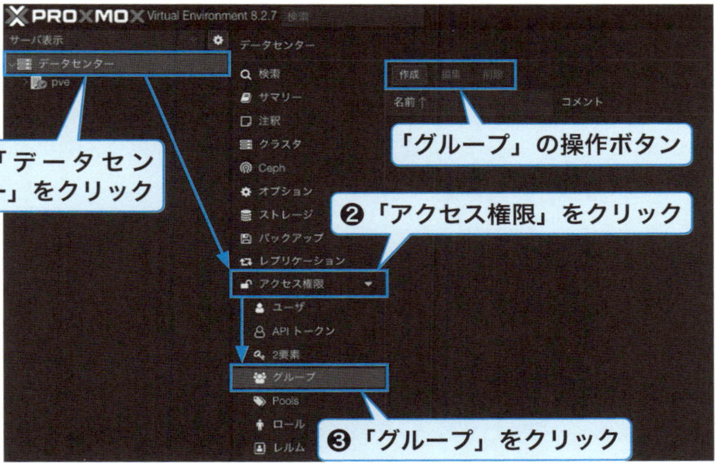

上部に並ぶ操作ボタンのうち「追加」ボタンをクリックすると、グループの作成ダイアログが開きます。

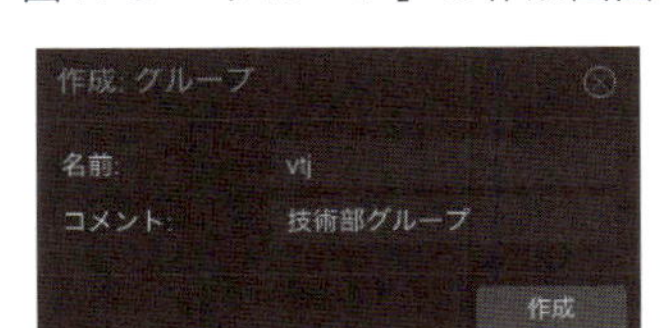

図 A-9 「グループ」の作成画面

「名前」には、グループの名前を入力してください。「コメント」には、グループに関するメモを記述できます。ここには日本語が使えます。最後に「作成」をクリックすると、グループが作成されます。

ユーザーをグループに追加するには、先ほどユーザーを作成したときに利用した「ユーザー」のコンテンツパネルを開き、表示されているユーザーの一覧からグループに追加したいユーザーを選択し、上部にある「編集」ボタンをクリックします。ユーザーの編集ダイアログが開くので、

「グループ」のプルダウンをクリックして所属させたいグループを選択してください。

図 A-10　「ユーザ」の編集画面

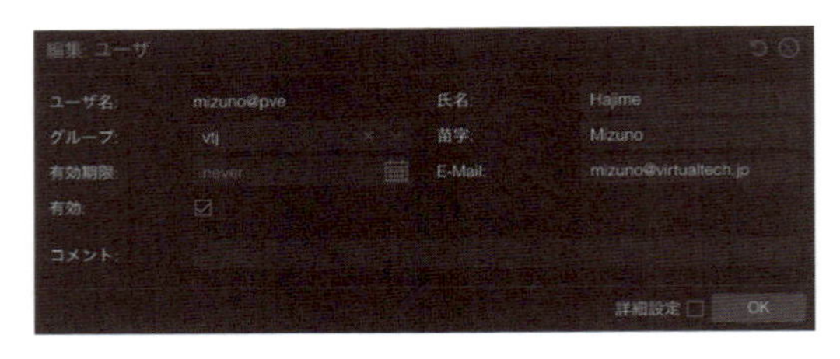

最後に、グループへのアクセス権限をアタッチします。先ほどアクセス権限をアタッチする作業で利用した「アクセス権限」の管理画面を開き、「追加」ボタンをクリックします。表示されるメニューで、今度は「グループのアクセス権限」を選択します。

図 A-11　「グループのアクセス権限」の追加画面

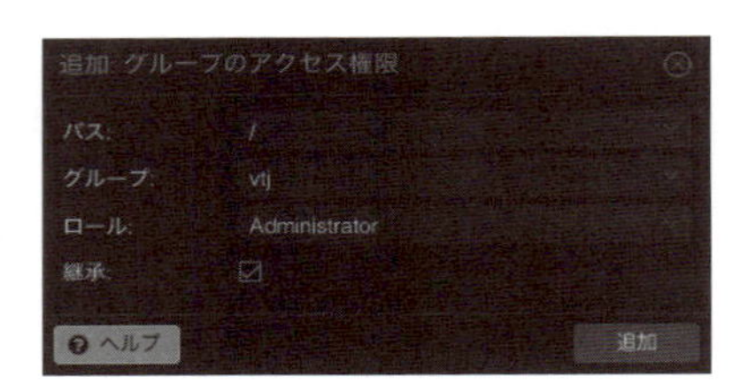

設定する項目は「ユーザのアクセス権限」の追加画面と同じなので、そちらを参照してください。

A-3 iperf3 によるネットワークの性能測定

第7章では、2GbpsのBondingネットワークを構築する方法を紹介しました。このようなネットワークを構築した後、想定通りのパフォーマンスを得られるかどうかを検証する必要があります。そのためのツールとして、Proxmox VEでは「iperf3」コマンドを利用できます。そこでiperf3による性能測定を行う方法を紹介します。

ネットワークの性能測定なので通信相手を用意しなくてはなりません。第7章の例ではProxmox VE側が2Gbpsの帯域を持っているため、通信相手側にも2Gbps以上の帯域を用意する必要があります。ここでは1Gbpsの物理NICを搭載したLinuxサーバーを2台、用意してください。

用意した2台のLinuxサーバーの両方に、iperf3をインストールします。インストール方法はディストリビューションによって異なりますが、Ubuntuであれば次のコマンドでインストールできます。

```
$ sudo apt update ↵
$ sudo apt install -y iperf3 ↵
```

インストール中､次の画面が表示されたら「No」を選択して［Enter］キーを押してください。

図 A-12　iperf3 パッケージの設定画面

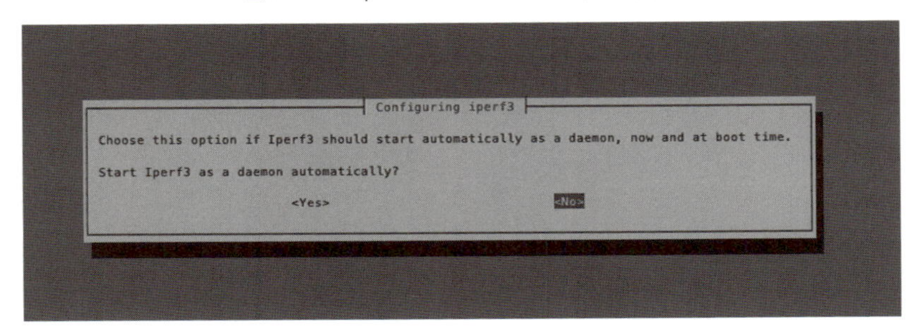

同様に、測定を行うProxmox VEのノードにもiperf3をインストールします。Webインターフェイスからノードのシェルを開き、次のコマンドを実行してください。

```
# apt update ↵
# apt install -y iperf3 ↵
```

iperf3で性能を確認するには、2台のLinuxサーバーそれぞれでiperf3サーバーを起動し、この2台に対してProxmox VEから同時に測定を実行します。

図A-13　iperf3を使ったネットワーク性能測定の構成

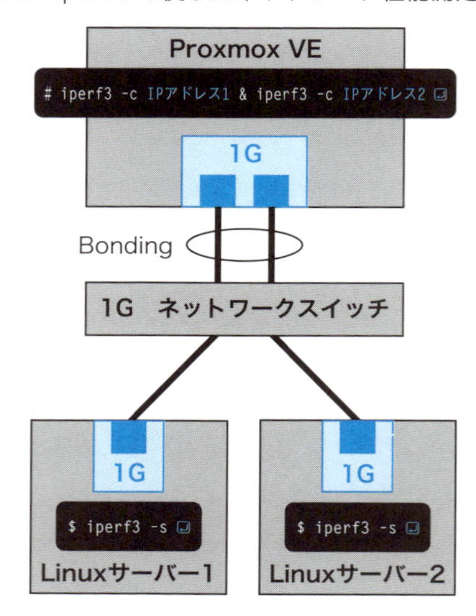

まずは2台のLinuxサーバーそれぞれで次のコマンドを実行してiperf3サーバーを起動します。

```
$ iperf3 -s
-----------------------------------------------------------
Server listening on 5201 (test #1)
-----------------------------------------------------------
```

続いてProxmox VEのノードのシェルで次のコマンドを実行し、2台のLinuxサーバーで起動したそれぞれのiperf3サーバーに対して測定を同時に実行します。IPアドレス1とIPアドレス2には、2台のLinuxサーバーのIPアドレスを入力してください。

```
# iperf3 -c IPアドレス1 & iperf3 -c IPアドレス2
```

ここでは、次のような測定結果が表示されたとします。

```
[ ID] Interval           Transfer     Bitrate
[  5]   0.00-10.00  sec   905 MBytes   759 Mbits/sec
  receiver
[ ID] Interval           Transfer     Bitrate
[  5]   0.00-10.04  sec   919 MBytes   768 Mbits/sec
  receiver
```

この測定結果から、二つのBitrateの値「759 Mbits/sec」と「768 Mbits/sec」を合算します。結果は「1527Mbits/sec」、つまり「約1.5Gbits/sec」となります。

2台のLinuxサーバー側で表示された結果のBitrateを合算して、1Gbps（1Gbits/sec）を超えていれば確認は成功です。ここでの実行例では単純に2倍（1Gbpx × 2 = 2Gbps）とはなりませんでしたが、1.5Gbps程度の帯域があることが確認できました。

A-4 コマンドラインインターフェイス

本書では、Webインターフェイスを利用したProxmox VEの操作方法を解説してきました。ですがProxmox VEにはそれに加えて、コマンドラインインターフェイス（CLI）が用意されています。実はWebインターフェイスには、Proxmox VEのすべての機能が実装されているわけではありません。より高度な機能を利用したい場合や、Webインターフェイスからではできない設定を行いたい場合は、ノードのシェルからCLIを使う必要があります。

ここではProxmox VEに用意されている主要なコマンドを紹介します。各コマンドの具体的な使い方や用意されているオプションは、各コマンドのヘルプか、公式サイトのマニュアル[*3]を参照してください。

表 A-1　Proxmox VE の主なコマンド

コマンド名	用途
pvesm	ストレージを管理
pvesubscription	Proxmox VEの有償サブスクリプションを管理
pveperf	Proxmox VEのベンチマークを実行
pveceph	Cephを管理
pvenode	ノードを管理
pvesh	Proxmox VEのAPIを実行するためのシェルインターフェイス
qm	QEMU/KVMの仮想マシンを操作
qmrestore	仮想マシンをバックアップからリストア
pct	コンテナを管理
pveam	コンテナテンプレートを管理
pvecm	クラスターを管理
pvesr	ストレージレプリケーションを管理
pveum	ユーザーとグループを管理
vzdump	仮想マシンとコンテナのバックアップを取得
ha-manager	可用性を高めるための、HAスタックを管理

[*3] https://pve.proxmox.com/pve-docs/pve-admin-guide.html#_command_line_interface

A-5 Cephによる分散ストレージシステム

Cephは、オープンソースソフトウェアの分散ストレージシステムの実装です。複数ノードのディスクを束ねて、ノード間でデータ複製を行うことで、耐障害性を持ったストレージ環境が実現できます。Cephでは、オブジェクトレベル、ブロックレベル、ファイルレベルでデータを扱うことが可能なため、必要に応じてデータの配置方法を選択できるのもメリットの一つです。

Proxmox VEでもCephが利用できます。Cephクラスタを構築することで、ネットワーク共有ストレージを用意せずとも共有ストレージができるため、物理ストレージ装置の設置コストが削減可能です。このように、ハイパーバイザーが分散ストレージシステムも兼ねたシステム一式のことを「ハイパーコンバージドインフラ」と呼びます。

一方で、Cephの構築自体は容易ですが、障害発生時のトラブルシューティング等にはCephの高度な知識が要求されます。海外のトラブルシューティング事例を調査する必要があったり、コマンドラインによる複雑な操作が求められたりする点に注意が必要です。また、本番環境でCephを利用する場合は、10Gbps以上のイーサネット接続や、ストレージ量に応じたメモリの搭載など、サーバーのサイジングが重要となります（試用するだけであれば、この限りではありません）。

Proxmox VEにCephを構築するには、あらかじめクラスターのすべてのノードに、同容量のディスクを同じ本数用意します。このとき、ディスクに対してサーバーのハードウェアRAIDなどでのRAIDは構成しません。すべて単体のディスクをCephに追加して利用するためです。

ディスクが準備できたら、Proxmox VEにCephを導入します。標準ではCephがインストールされていないため、各ノードに対してソフトウェアのインストールから行います。リソースツリーからノードを選び、コンテンツパネルのメニューから「Ceph」を選択します。すると、インストールを行うためのボタンが表示されるので、これをクリックします。

図A-14　Cephが未インストールのノードで表示されるボタン

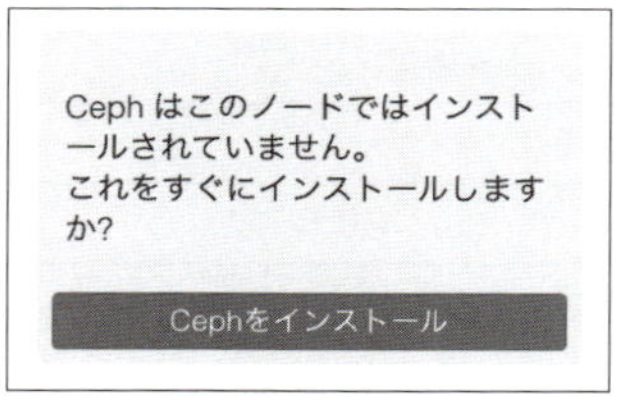

Cephはこのノードではインストールされていません。
これをすぐにインストールしますか?
Cephをインストール

インストールウィザードが開始されます。はじめにCephのバージョンとインストールに使用するリポジトリを選択します。

図 A-15　Ceph インストールウィザードの「情報」の画面

Cephのリリースには、アルファベット順の名前が付けられており、これがバージョンを表しています。「導入するCephのバージョン」では頭文字のアルファベットを参考に、一番新しいリリース名を選択します。設定できたら「reefのインストール開始」をクリックします。

続いてコンソール画面が表示されます。

図 A-16　Ceph インストールウィザードの「インストール」の画面

コンソール画面の末尾には、パッケージのインストールを実行するかどうかの確認メッセージが表示されています。実行するので［Enter］キーを押して、インストールを開始します。

「Connection to ノードのIPアドレス closed.」というメッセージが表示されたら、インストールは完了です。「次へ」ボタンをクリックして次に進みます。

Cephのパブリックネットワークと、クラスターネットワークを設定します。

図 A-17　Ceph インストールウィザードの「設定」の画面

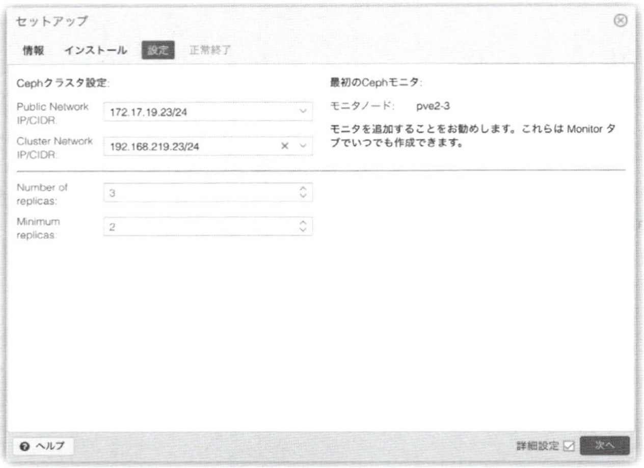

「Public Network IP/CIDR」（パブリックネットワーク）は、Proxmox VEが共有ストレージとして使うためのネットワーク接続に用いられるネットワークで、選択必須の項目です。「Cluster Network IP/CIDR」（クラスターネットワーク）は、後述するOSDレプリカやハートビートに使用するネットワークで、設定は任意です。デフォルトはパブリットネットワークと同じネットワークを使用しますが、物理的にネットワークを分離すると、パブリックネットワークの負荷が軽減されるため、Cephのパフォーマンスを最大化できます。この設定は後から変更が可能です。

ここでネットワーク設定が必要な場合は、いったんウィザードを閉じてネットワーク構成を変更します。もう一度「Ceph」のコンテンツパネルを開くと、この設定画面からウィザードを再開できます。なお、2台目以降のノードでは、設定は不要です。

図 A-18　2台目以降のノードで表示されるCephインストールウィザードの「設定」の画面

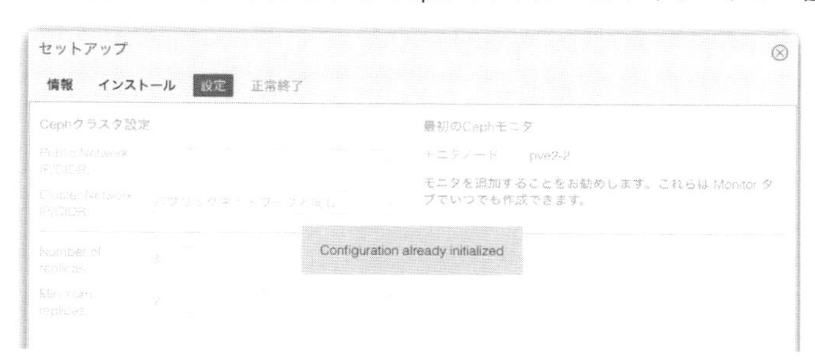

ウィザード完了直後のCephクラスターには、まだディスクが追加されていないため、状態は「HEALTH_WARN」となります。

図 A-19　インストール直後の「Ceph」のコンテンツパネルの画面

「Ceph」のコンテンツパネルの下位にある「モニタ」を開き、すべてのノードを追加します。

図 A-20　「モニタ」の作成画面

モニタは、クラスターマップのマスターコピーを維持するための仕組みです。最低3台のモニタが必要ですが、中小規模であれば3台で十分です。

「マネージャ」は、クラスターを監視するためのインターフェイスを提供します。モニタノードにはマネージャもインストールすることが推奨されるため、こちらもすべてのノードを追加します。

図 A-21 「マネージャ」の作成画面

次にCeph OSD（Object Storage Daemons）にディスクを追加します。OSDは正式名の通り、ディスクをオブジェクトストレージとして使用するための仕組みです。「Ceph」のコンテンツパネルの下位にある「OSD」を開き、「作成: OSD」ボタンをクリックすると、作成画面が表示されます。

図 A-22 「Ceph OSD」の作成画面

「ディスク」から、Cephに使用するディスクを選択して、「作成」ボタンをクリックします。同じ手順を、すべてのノードに対して繰り返し実行します。

すべてのノードに対してOSDをインストールし終えると、インストールしたOSDが一覧表示されます。

図 A-23　OSD を追加後の「OSD」の画面

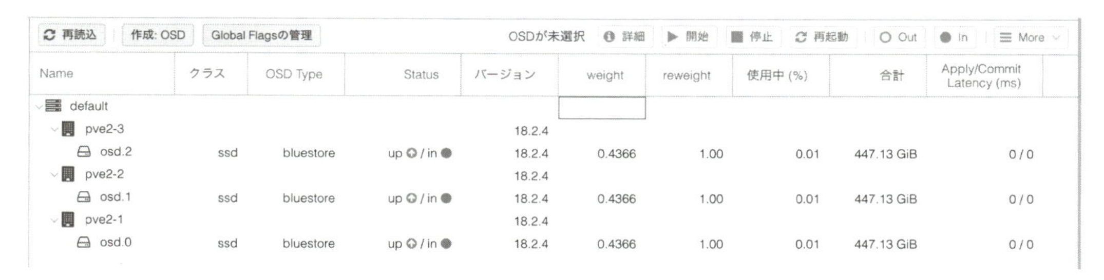

Ceph クラスタを Proxmox VE のストレージとして利用するには、「Pools」と「CephFS」の2種類があります。「Pools」は、仮想マシンのディスクやコンテナ等の仮想ディスクを配置するために使用されます。「CephFS」は、ISO イメージやコンテナテンプレートなどのファイルを配置するために使用されます。

「Pools」を作成する

仮想マシン用のストレージとして使うには、Poolsを作成します。Poolsを作成するには、「Ceph」のコンテンツパネルの下位にある「Pools」を開き、「作成」ボタンをクリックします。

図 A-24　「Ceph Pool」の作成画面

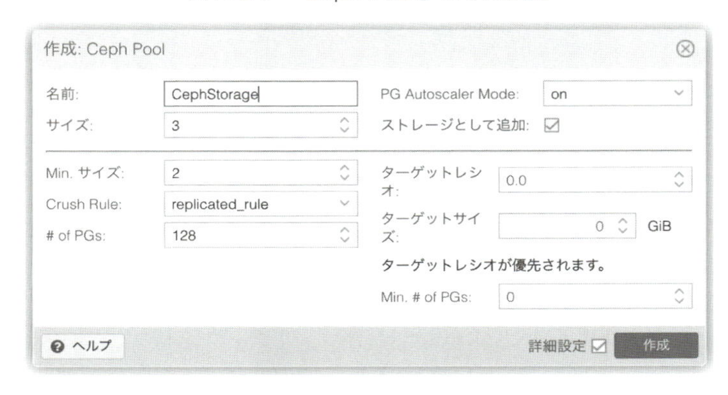

「名前」に Pools の名前を指定して「作成」ボタンをクリックします。作成するとリソースツリーの各ノード配下に Ceph Pool によるストレージが追加され、仮想マシンやコンテナの仮想ディスクが配置可能になります。

図 A-25　Ceph Pool によるストレージが追加された Web インターフェイスの画面

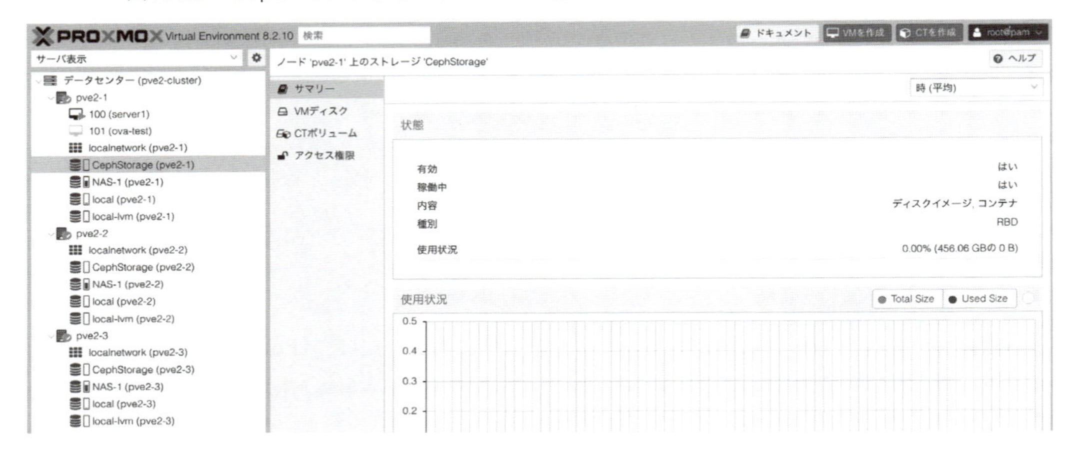

「CephFS」を作成する

CephFSを作成するには、コンテンツパネルの「Ceph」の下位にある「CephFS」を開き、メタデータサーバーの「作成」ボタンをクリックします。任意のホストを選択して「作成」ボタンをクリックします。同様の手順で、すべてのノードでメタデータサーバーを作成しましょう。

図 A-26 「メタデータサーバ」の作成画面

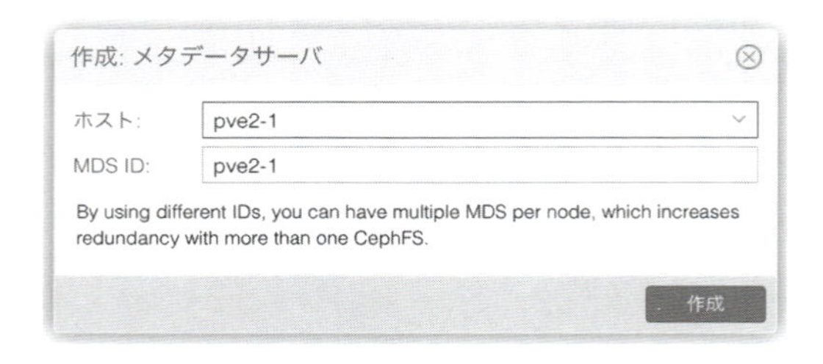

メタデータサーバーを作成すると「CephFSを作成」ボタンがクリックできるようになります。名前を入力して「作成」ボタンをクリックします。

図 A-27 「Ceph FS」の作成画面

作成するとリソースツリーの各ノード配下にCephFSによるストレージが追加され、ISOイメージやコンテナテンプレートなどのファイルが配置可能になります。

図 A-28 CephFS によるストレージが追加された Web インターフェイスの画面

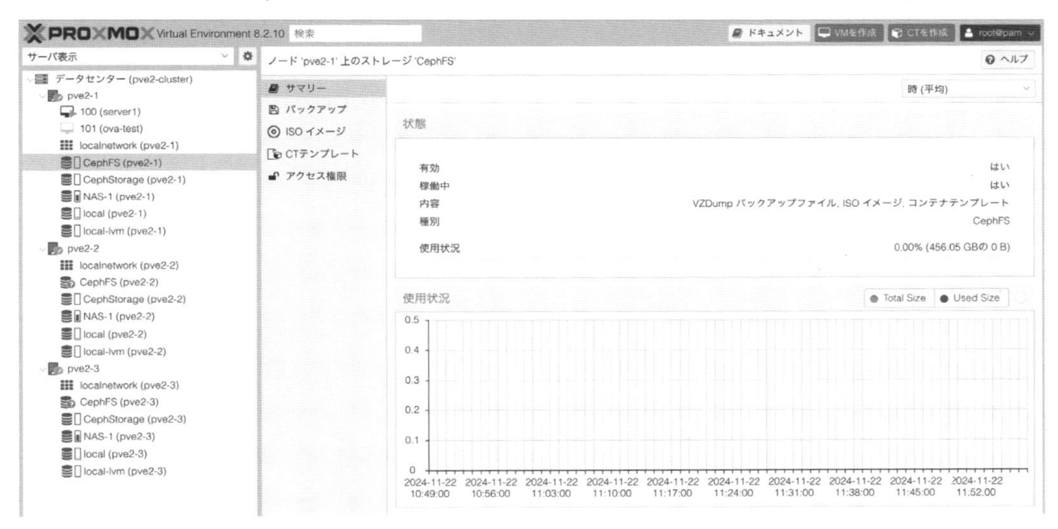

付録B

Proxmox VE 8.3の新機能

本書では、「Proxmox VE 8.2.7」をベースに解説していますが、本書を執筆中の2024年11月21日に、新バージョンの「Proxmox VE 8.3」がリリースされました。主な機能に大きな変更はありませんでしたが、興味深い新機能がいくつかあったので、簡単に概要を紹介します。

B-1 リソースツリーの「タグ表示」の追加

従来Proxmox VEのリソースツリーは、ノードを起点にオブジェクトをツリー状に表示する「サーバ表示」、オブジェクトをタイプ別にグループ化して表示する「フォルダ表示」、リソースプールごとに表示する「Pool表示」が選択できました。Proxmox VE 8.3では、これらに加えてタグごとにグループ化して表示する「タグ表示」が追加されました。

仮想マシンやコンテナは、任意の「タグ」を付けて整理することができます。タグを付けるには、まずリソースツリーからタグを付けたいゲストを選択します。コンテンツパネルの上部にタグが表示される領域がありますが、デフォルトではタグが付いていないため「タグがありません」と表示されています。ここの右側にある鉛筆のアイコンをクリックしてください。

図 B-1　仮想マシンやコンテナ（ここでは「コンテナ」）を選択した後のコンテンツパネルの画面

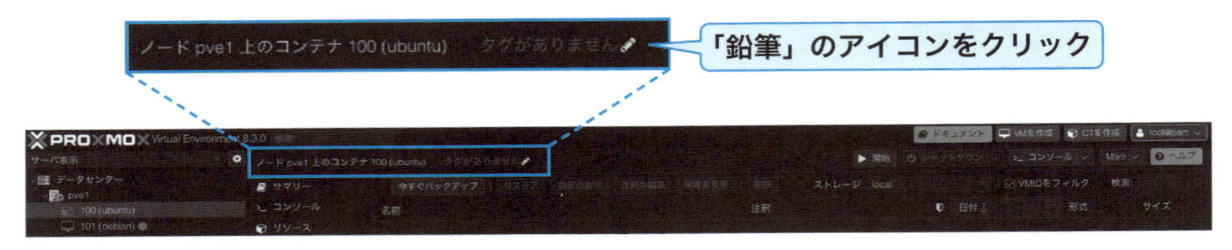

タグの編集モードに入るので、タグを追加する「＋」アイコンをクリックしてから、任意のタグ名を入力します。

図 B-2　タグの編集モードに入った後のコンテンツパネルの画面

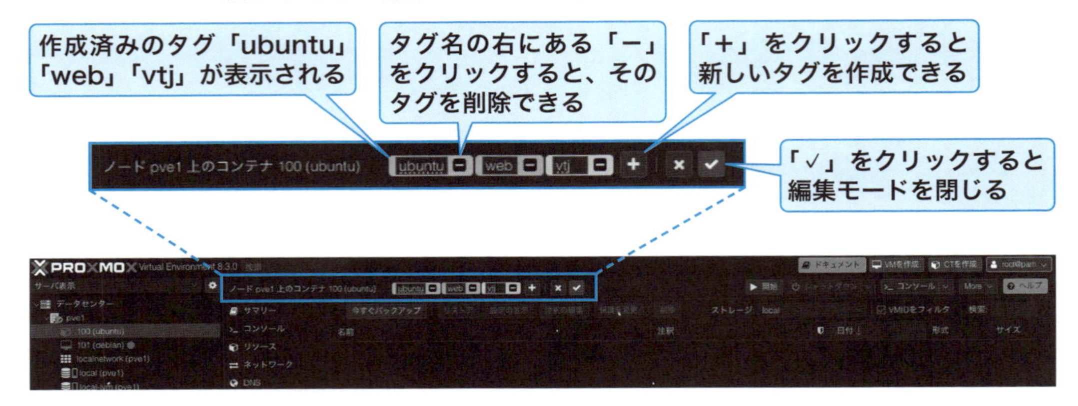

タグは同時に複数付けることができます。また付けられているタグの右側にある「−」をクリ

ックすると、そのタグを削除できます。タグを付け終わったら、右側にあるチェックマークのボタンをクリックしてください。

リソースツリーをタグ表示に切り替えると、タグの一覧が表示され、そのタグが付けられている仮想マシンやコンテナの一覧がツリー表示されます。

図B-3 「タグ表示」に切り替えたリソースツリーの一覧の画面

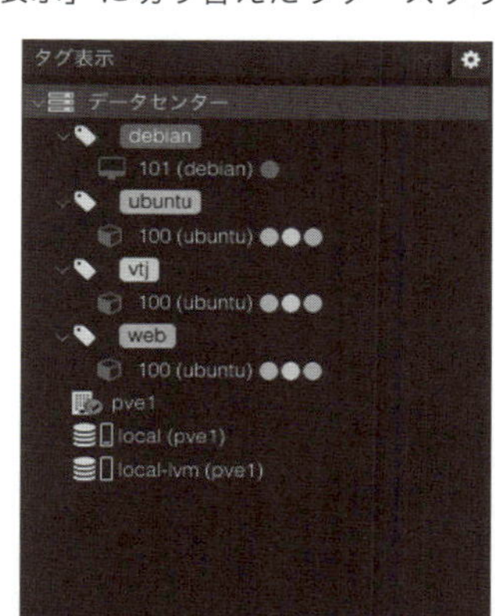

例えば動いているOS名、仮想マシンの用途、所属しているプロジェクトなどをタグ付けしておくことで、目当ての仮想マシンやコンテナを素早く見つけることができるようになります。

B-2 通知ターゲットに「Webhook」の追加

第5章で解説したように、通知ターゲットは「Sendmail」「SMTP」「Gotify」の三つがサポートされています。Proxmox VE 8.3では、新たに「Webhook」がサポートされるようになりました。これによりSlackなどのチャットシステムへの通知が、送信しやすくなりました。例としてSlackに通知を送信する設定を紹介します。なお、Slack側でWebhook URLの発行を事前に済ませておいてください。

Webインターフェイスで通知ターゲットの設定画面を開き、上部に並ぶ「追加」ボタンをクリックします。表示されるメニューに「Webhook」が追加されているので、これを選択します。

図 B-4 「通知ターゲット」の管理画面で「追加」ボタンをクリックすると表示されるメニュー

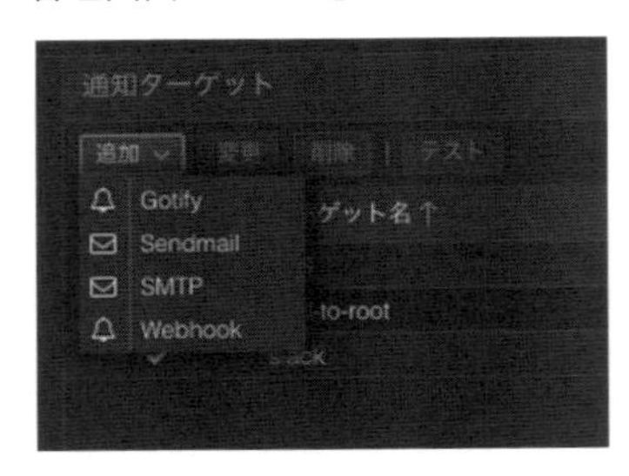

「Webhook」の追加ダイアログが開くので、必要な設定を行います。

図 B-5 「Webhook」の追加画面

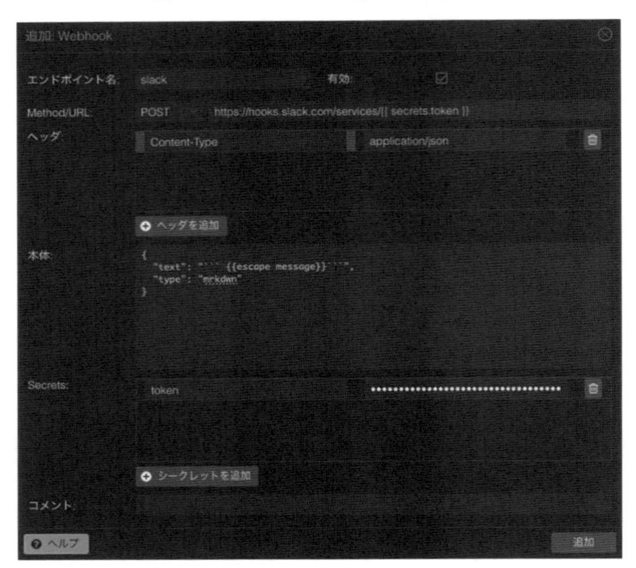

「エンドポイント名」にはわかりやすい通知ターゲット名を入力します。今回はSlackに通知するので、一目でわかるように「slack」としました。

「Method/URL」は「POST」を選択し、URLには「https://hooks.slack.com/services/{{ secrets.token }}」と入力してください。

「ヘッダを追加」ボタンをクリックすると、任意のヘッダを追加できます。ここで「キー」に「Content-Type」、「値」に「application/json」と入力してください。

本体には送信するメッセージ本体を指定します。次のように入力してください。

```
{
  "text": "``` {{escape message}}```",
  "type": "mrkdwn"
}
```

「Secrets」に入力した値は、rootユーザーでしか読み込めないファイルに保存されるため、文字通りトークンなどの機密情報を入力します。「シークレットを追加」をクリックし、キーに「token」と入力してください。「値」には、発行したSlackのWebhook URLに含まれていたトークンを入力します。なお、SlackのWebhook URLは次のような構成となっています。

```
https://hooks.slack.com/services/T00000000/B00000000/XXXXXXXXXXXXXXXXXXXXXXXX
```

この例では、「T00000000/B00000000/XXXXXXXXXXXXXXXXXXXXXXXX」の部分をtokenの値に設定します。最後に「追加」ボタンをクリックすると、通知ターゲットが作成されます。

作成した通知ターゲットを選択した状態で、上部にある「テスト」ボタンをクリックしましょう。Slackにテストメッセージが送信されたら成功です。

図B-6　通知テストのメッセージを「Slack」で受け取った画面

Slack bot アプリ 16:55
This is a test of the notification target 'slack'.

動作が確認できたら通知Matcherの設定を変更し、通知するターゲットにSlackを追加するとよいでしょう。

付録B

図 B-7　バックアップの実行結果の通知を「Slack」で受け取った画面

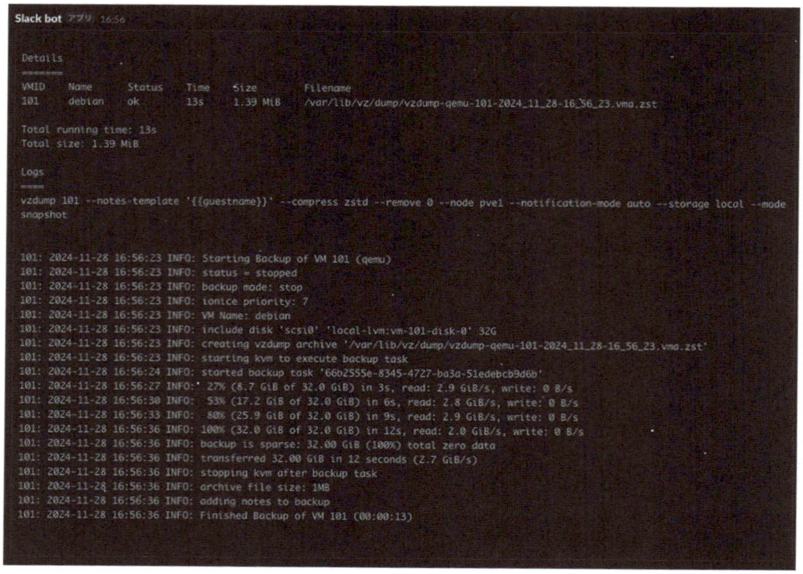

```
Slack bot アプリ 16:56

Details
=======
VMID    Name      Status    Time    Size        Filename
101     debian    ok        13s     1.39 MiB    /var/lib/vz/dump/vzdump-qemu-101-2024_11_28-16_56_23.vma.zst

Total running time: 13s
Total size: 1.39 MiB

Logs
====
vzdump 101 --notes-template '{{guestname}}' --compress zstd --remove 0 --node pve1 --notification-mode auto --storage local --mode
snapshot


101: 2024-11-28 16:56:23 INFO: Starting Backup of VM 101 (qemu)
101: 2024-11-28 16:56:23 INFO: status = stopped
101: 2024-11-28 16:56:23 INFO: backup mode: stop
101: 2024-11-28 16:56:23 INFO: ionice priority: 7
101: 2024-11-28 16:56:23 INFO: VM Name: debian
101: 2024-11-28 16:56:23 INFO: include disk 'scsi0' 'local-lvm:vm-101-disk-0' 32G
101: 2024-11-28 16:56:23 INFO: creating vzdump archive '/var/lib/vz/dump/vzdump-qemu-101-2024_11_28-16_56_23.vma.zst'
101: 2024-11-28 16:56:23 INFO: starting kvm to execute backup task
101: 2024-11-28 16:56:24 INFO: started backup task '66b2555e-8345-4727-ba3a-51edebcb9d6b'
101: 2024-11-28 16:56:27 INFO:  27% (8.7 GiB of 32.0 GiB) in 3s, read: 2.9 GiB/s, write: 0 B/s
101: 2024-11-28 16:56:30 INFO:  53% (17.2 GiB of 32.0 GiB) in 6s, read: 2.8 GiB/s, write: 0 B/s
101: 2024-11-28 16:56:33 INFO:  80% (25.9 GiB of 32.0 GiB) in 9s, read: 2.9 GiB/s, write: 0 B/s
101: 2024-11-28 16:56:36 INFO: 100% (32.0 GiB of 32.0 GiB) in 12s, read: 2.0 GiB/s, write: 0 B/s
101: 2024-11-28 16:56:36 INFO: backup is sparse: 32.00 GiB (100%) total zero data
101: 2024-11-28 16:56:36 INFO: transferred 32.00 GiB in 12 seconds (2.7 GiB/s)
101: 2024-11-28 16:56:36 INFO: stopping kvm after backup task
101: 2024-11-28 16:56:36 INFO: archive file size: 1MB
101: 2024-11-28 16:56:36 INFO: adding notes to backup
101: 2024-11-28 16:56:36 INFO: Finished Backup of VM 101 (00:00:13)
```

B-3 OVA/OVF 形式のインポート

以前はCLIなどの操作が必要だったOVA/OVF形式のインポートが、Webインターフェイスでサポートされるようになりました。

OVF（Open Virtualization Format）形式は、オープンな仮想マシンイメージのフォーマットです。特定製品の形式/実装ではないため、OVF形式に対応している各社の製品であれば、OVF形式で作成された仮想マシンデータをインポート/エクスポートして利用できます。OVF形式のデータは、仮想マシンを定義する設定ファイル、ディスクイメージの複数ファイル群で構成されます。これをtar形式で1個のファイルにまとめた形式がOVA（Open Virtualization Format Archive）です。

OVF/OVA形式で配布されているイメージの例としては、アプライアンス製品やクラウド向けのイメージが挙げられます。これらのイメージで、OSのインストールやセットアップがある程度済んだ状態から利用を開始できるため、ユーザーは最小の手順ですぐに使用を開始できる利点があります。

Ubuntuがクラウドでの利用を想定して公開しているUbuntu Serverの仮想マシンイメージファイル[*1]には、OVA形式のものも含まれているため、これを例にOVAインポート機能を解説します。

---

*1 Ubuntu Cloud Images（https://cloud-images.ubuntu.com/）

ストレージでインポート機能を有効化する

まずはストレージの管理画面でインポート機能を利用できるように設定します。ストレージはファイルタイプのものを利用します。ここでは「local」ストレージの「ディレクトリ」タイプでインポート機能を有効化するものとします。

Webインターフェイスのリソースツリーで「local」を選択し、コンテンツパネルのメニューで「ディレクトリ」を選択します。ディレクトリのコンテンツパネルが表示されたら、上部にある「編集」ボタンをクリックしてディレクトリの編集画面を開きます。コンテンツの種類を設定する「内容」をクリックし、プルダウンリストにある「インポート」を選択します。さらに、同じストレージ上に一時的なディスクイメージの作業スペースが必要となるため「ディスクイメージ」も同時に追加してください。

図B-8 「ディレクトリ」の編集画面を開いて「ディスクイメージ」と「インポート」を追加している画面

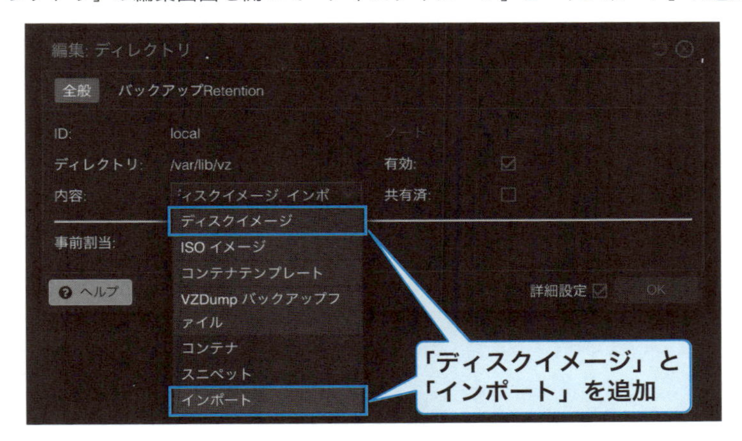

これでインポート機能が有効になりました。続いてOVA形式のイメージファイルを配置しましょう。

OVA形式のイメージファイルを追加する

リソースツリーで「ストレージ」を選択すると、コンテンツパネルのメニューに「インポート」が追加されています。これをクリックして選択し、ISOイメージを管理する手順と同様に、「アップロード」もしくは「URLからダウンロード」をクリックして、OVAファイルをストレージに配置できます。

図 B-9　OVA 形式のイメージファイルを追加する手順

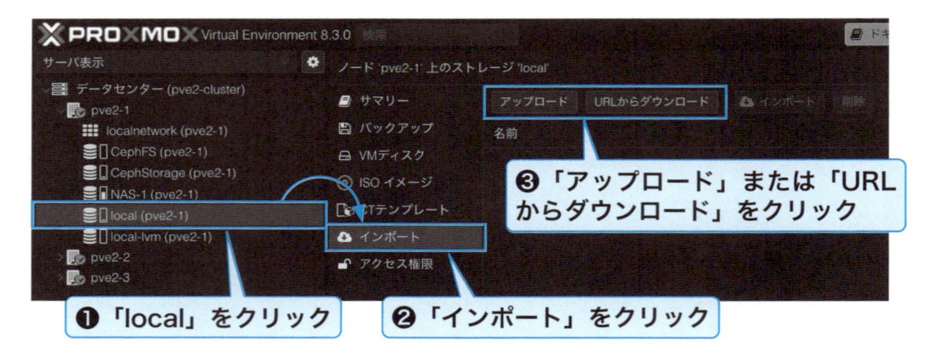

URLからダウンロードする場合は、Ubuntu Cloud Images[*2]から任意のリリースのOVA形式のイメージファイルを探し、そのイメージファイルのリンクURLを「URL」に指定します。

図 B-10　「URL からダウンロード」の実行画面

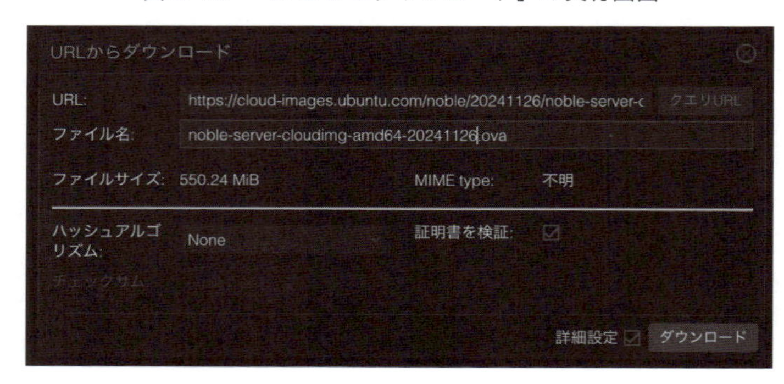

これでOVA形式のイメージファイルをダウンロードして「イメージ」に配置できました。次は、配置したOVA形式のイメージファイルを仮想マシンにインポートします。

■ 仮想マシンにインポートする

「イメージ」のコンテンツパネルのリストから、先ほどダウンロードしたOVA形式のファイルを選択して「インポート」ボタンをクリックします。

*2 https://cloud-images.ubuntu.com/

図 B-11　ダウンロードした OVA 形式のイメージファイルをインポートを実行する手順

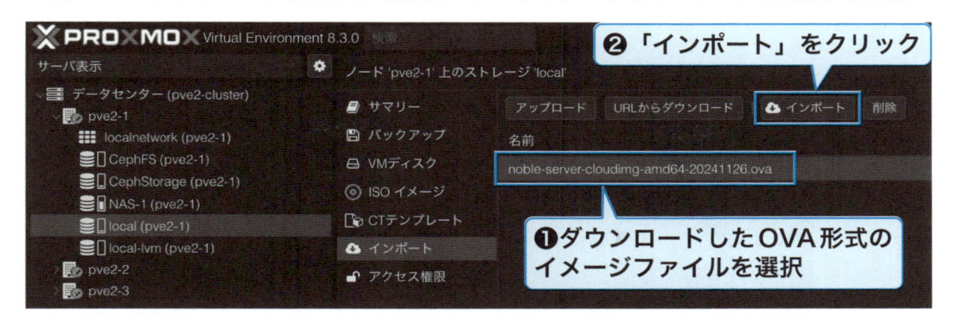

インポートの設定画面の「全般」タブが表示されるので、ここにOVA形式のイメージファイルから作成する仮想マシンの情報を指定します。

図 B-12　インポートの設定画面の「全般」の画面

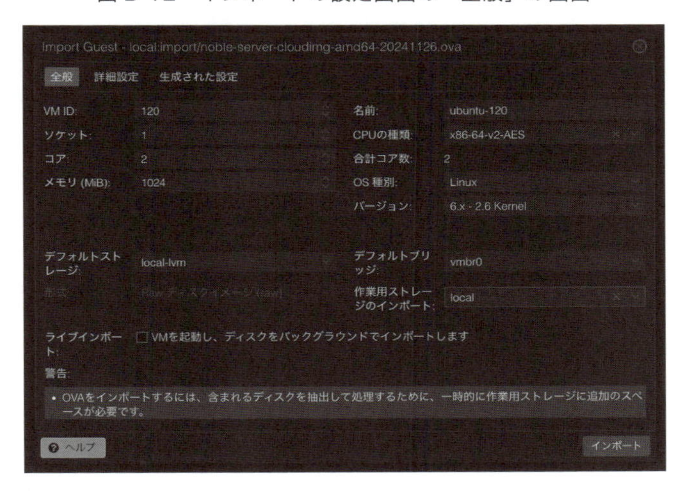

仮想マシンの「名前」、必要な「CPUの種類」と「メモリ」の容量、「OS種別」などを指定します。「デフォルトストレージ」は、インポート先となる仮想マシンの仮想ディスクの配置先を指定します。

ポイントとなるのが「作業用ストレージのインポート*3」という項目です。OVAのインポート作業にはファイルタイプのストレージが必要になるため、もしブロックタイプのストレージにデプロイしたい場合は、この項目にファイルタイプのストレージを指定する必要があります。最初

*3 英語表記は「Import Working Storage」です。翻訳がやや不自然ですが、インポート中に使用する一時的な作業ストレージを意味します。

付録B

の手順でファイルタイプのストレージにディスクイメージを追加したため、これを選択しましょう。

設定が済んだら「詳細設定」をクリックしてください。

図 B-13　インポートの設定画面の「詳細設定」の画面

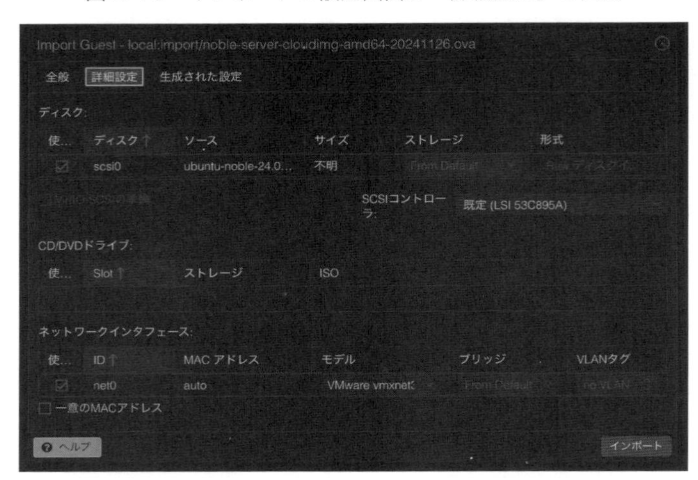

「詳細設定」の画面では、ストレージやネットワークインターフェイスの個別の設定が行えます。「ディスク」の「SCSIコントローラー」や、「ネットワークインターフェース」の「モデル」は、デフォルトのままでも問題ありません。ここでダウンロードしたUbuntu Serverのイメージファイルであれば、「VirtIO」を利用するのがよりよい選択肢となります。

設定が済んだら「生成された設定」をクリックしてください。

図 B-14　インポートの設定画面の「生成された設定」の画面

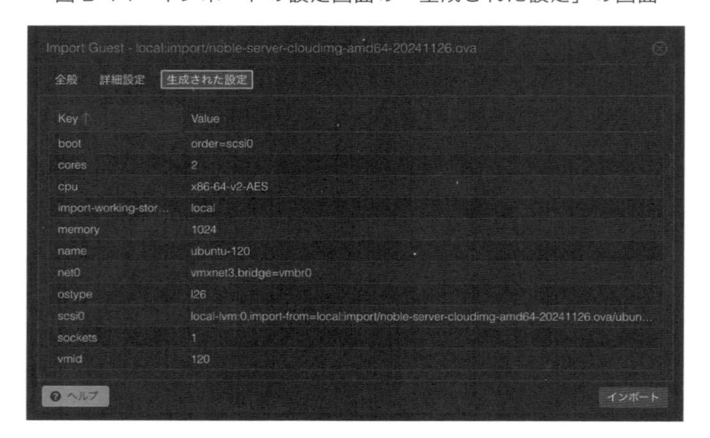

「生成された設定」の画面では、インポートに使用されるパラメータの確認が可能です。問題がなければ「インポート」をクリックしてインポートを開始します。

インポートが成功すると、仮想マシンがリソースツリーに追加されます。

図 B-15　インポートされた仮想マシンの管理画面

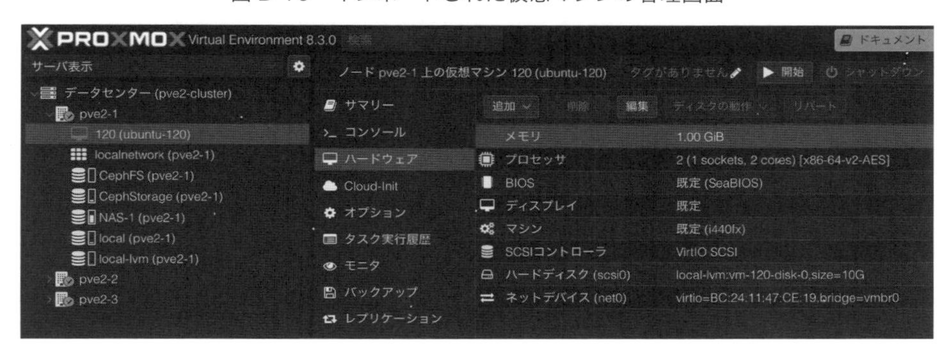

Ubuntu Serverの場合は、Cloud-Initを利用することで、仮想マシンへのログイン情報やネットワークの設定ができます。インポートされた仮想マシンの「ハードウェア」のコンテンツパネルを開き、上部に並ぶ「追加」ボタンをクリックして「CloudInitデバイス」を追加します。ストレージは、任意のストレージを選択します。

図 B-16　「CloudInit デバイス」の追加画面

CloudInitデバイスの追加後は、コンテンツパネルのメニューに「Cloud-Init」が追加されます。

図 B-17 「Cloud-Init」のコンテンツパネルの画面

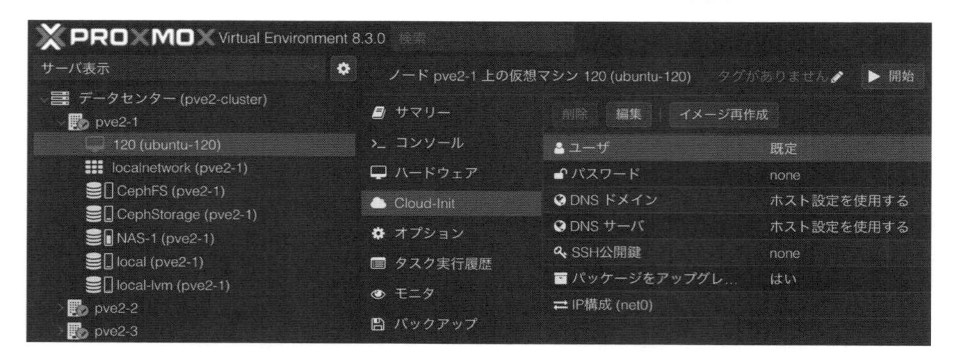

この「Cloud-Init」のコンテンツパネル内の項目を設定してから仮想マシンを起動することで、指定したユーザー名とパスワードでログインしたり、指定したIPアドレスとSSH鍵でSSHログインしたりできるようになります。

Ubunsu ServerのOVA形式のイメージファイルの場合、「ユーザ」を「既定」と設定すると、ユーザー名は「ubuntu」となります。「パスワード」を「none」に設定すると、ログイン方法はSSH鍵認証方式に限定されます。ここで、「SSH公開鍵」を登録し忘れる（デフォルトの「none」のままにしておく）と、ログイン方法がない環境になってしまいます。回避するには「パスワード」もしくは「SSH公開鍵」のどちらかを必ず設定しましょう。「IP構成」は、DHCPか固定IPかをそれぞれ設定できます。

それぞれの項目を編集するには、編集したい項目を選択してから「編集」ボタンをクリックします。

図 B-18 「SSH キー」（コンテンツパネルでは「SSH 公開鍵」）の編集画面

索引

記号

A

B

C

D

E

F

G

H

I

T

U

V

W

X

Z

あ

い

え

お

か

訂正・補足情報について

本書のサポートサイト「https://nkbp.jp/proxmox2501」に掲載しています。

仮想化環境の構築から運用まで

Proxmox VE実践ガイド

2025年2月25日　第1版第1刷発行

著　　者	日本仮想化技術株式会社　水野 源/大内 明
発 行 者	浅野 祐一
編　　集	加藤 慶信
発　　行	株式会社日経BP
発　　売	株式会社日経BPマーケティング 〒105-8308　東京都港区虎ノ門4-3-12
装　　丁	株式会社tobufune（小口 翔平＋神田 つぐみ）
制　　作	JMCインターナショナル
印刷・製本	TOPPANクロレ株式会社

ISBN　978-4-296-20731-2